作者出生在蘭州，照片中為 2 歲時

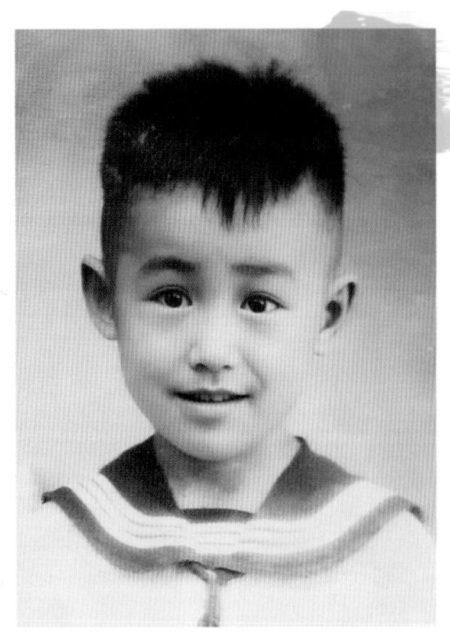

5 歲到杭州

18 歲入伍照

負責修理殲 6、殲 7 戰鬥機的飛行儀表

北京外國語學院英語系 1978 級新生

1980 年北京外國語學院操場義務勞動（右二為作者）

1983 年聯合國譯訓班期間為美國醫生代表團翻譯

大學一年級和研究生期間翻譯出版的人物傳記和小說

1984 年初到聯合國紐約總部，在布魯克林大橋前

1989 年沃頓商學院畢業照

1996 年華平在香港公交車上的廣告

2002 年 6 月 18 日創建 CVCA

創辦中華地產開發投資商會後，2007 年攜團訪港，與嘉里集團主席郭鶴年（中）合影（前排左五為作者）

2006 年 4 月，長江商學院首期 CEO 班全體學員與李嘉誠先生合影（前排左三為作者）

2014 年 11 月 12 日，慶祝華平在中國投資 20 周年

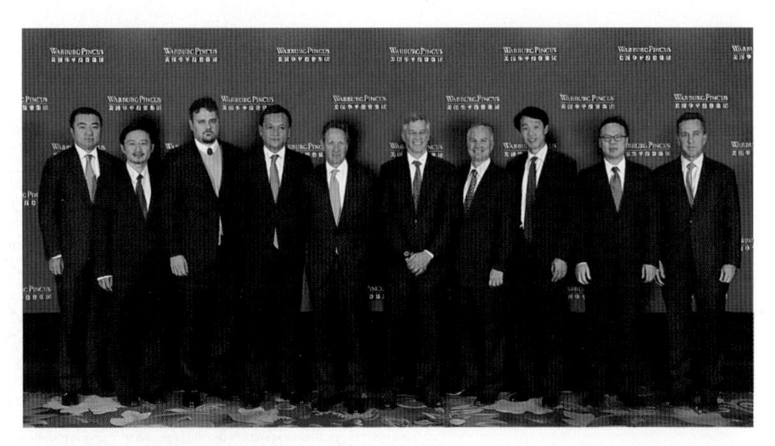

2014 年離開華平前，與公司聯席 CEO 紀傑、藍迪和總裁蓋特納及中國區合夥人合影（右三為作者）

2015 年創立黑土地公司，在東北種植優質大米

2019 年中國企業家俱樂部理事大會合影（後排左五為作者）

一個投資家的成敗自述

孫強……著

自序

機遇和選擇

歲月隨著時間的縫隙流走，不知不覺，我已在私募股權投資的征途上跋涉了三十年。

我自幼在杭州長大，由於歷史原因輟學三年，高中畢業時沒有工作機會，本應去農村插隊落戶，但趕上部隊來杭州徵兵，我憑著優等生和籃球校隊隊員的條件，幸運地成為北京軍區空軍的一名新兵。

告別了魚米之鄉杭州，幾百個新兵擠上一列貨運火車，在車廂的地鋪上咣蕩了一周，在河北石家莊市下車，轉乘大卡車去太行山腳下山溝裏的北空航空修理廠。我被分到特種設備車間，檢修米格戰鬥機的通信和導航儀表。技術兵修理飛機儀表的工作相對清閒，下班後和周日的軍旅生活又枯燥無味，我便利用空閒時間，跟著短波電台的《英語九百句》自學英語。

四年的苦讀沒有白費。1977 年冬，高等院校重啟高考，我的服役期將滿，就以回家照顧年邁半癱的父親為由，申請退伍。復員回到杭州，我被安置到浙江省水利局當技術員，此時離高考只有兩個月，父母不想我馬上又遠走高飛，為了說服他們，我承諾只考一次、只報一個志願，考不上就此罷休。

孤注一擲的選擇居然成功了。1978 年 9 月，我乘火車北上，進入北京外國語學院攻讀英語專業。我們 78 級的同學多數有外語學校的底子，我的英語基礎薄弱，需要抓緊一切空餘時間追趕。老師佈置閱讀兩本書，我就讀四本；別人寫一篇作文，我就寫兩篇。除了上課，我所有時間都泡在圖書館裏，廣泛閱讀各種英文書籍，尤其喜歡傳記、詩歌和小說。當我讀到馬克・吐溫、海明威、莫扎特和蕭邦的自傳和傳記時，愛不釋手，產生了把它們介紹給國內讀者的願望。翻譯這些書也是我提高英文水平的好機會。翻譯完後，我相識的一個編輯鼓勵我把譯文手稿寄給出版社看看。沒想到，浙江和天津出版社的編輯很快回信，同意印刷出版，而且首次印刷數萬冊，很快售罄。

大學二年級時，不少同學都被保送或自費出國深造，我也動了海外留學的念頭，但沒有海外親友擔保，無法報考。一天，我無意中在學校的告示板上看到聯合國公開招聘翻譯官的通知，鼓起勇氣前去應試。這個選擇給我打開了出國之路。之後兩年，我在聯合國譯員訓練班（簡稱譯訓班）學習翻譯及國際關係，1984 年 8 月被派赴紐約的聯合國總部工作。

我在聯合國秘書處，雖然時間自由、待遇優厚，但對千篇一律的翻譯工作產生了厭倦，嚮往商界的挑戰。對我來說，從聯合國到企業轉型，唯一的路徑是讀商學院。經過半年的自習，我考 GMAT 和 TOFEL 都拿到了高分，被賓夕法尼亞大學沃頓商學院錄取。到了這時，我才開始發愁如何更換我的公務護照、拿到學生簽證、籌措十幾萬美元的學費。

正在我一籌莫展的時候，機遇奇跡般出現在我面前：我前不久結識的法裔金融家保羅・樂泊克（Paul Lepercq）答應為我提供全額獎學金。我簡直不敢相信自己的運氣，也暗下決心畢業後為樂泊克效力。

1992 年，我在樂泊克工作期間回國探親，受到內地改革開放的感召，搬到香港，加入高盛，從事投資銀行業務，三年後轉做私募投資，在華平一幹就是二十年。2015 年，我突發奇想，離開華平，成立了一家農業公司，在黑龍江省種植水稻和馬鈴薯，試圖在種地和農產品銷售方面有所創新。但是，由於選錯了合作夥伴和運營模式，企業在東北連續受挫，最後只好收縮規模，只保留有機大米這項業務，自己重回私募行業至今。

選擇道路、決定前程，是人生最大的挑戰。回顧我在人生重大關頭做出的選擇，總是有得也有失；我的體會是選擇沒有對錯，只有是否適合自己。我在部隊時冒險偷偷學英文，退伍去考大學、出國當翻譯、放棄聯合國職位讀 MBA、拋棄美國綠卡到香港、離開高盛，降薪加入華平等一系列選擇，都為我後來參與國家經濟的改革騰飛鋪平了道路。

“揮毫當得江山助，不到瀟湘豈有詩？”南宋詩人陸游這句七絕，也是我們這些海外學子回國施展身手的寫照。和我青年時相比，今天的中國恍如隔世。

我進大學時，“萬元戶”是人人羡慕的富豪，如今，中國的十億美元富豪人數全球領先；我出國時，吃根冰棍都要掂量，今天中國人已經是全球最大的奢侈品購買群體；我從沃頓商學院畢業時，海外學子夢想拿到美國綠卡，今天的留學生更向往回國創業；我服務於華平時，投資中國的資本源於歐美，今天本土的基金可以與國際私募機構比肩；我在 1994 年入行時，私募投資還鮮為人知，如今私募投資已成為一個影響力巨大的行業；早年私募投資舉步維艱，近十幾年成功案例比比皆是，它們背後的明星投資人也聲名鵲起——熊曉鴿、單偉建、沈南鵬、徐新、吳尚志、閻焱、胡祖六、張磊、張懿宸、劉海峰等業界同仁都成為新一代投資者的楷模。

看到同事和朋友們的成功，我為他們拍手叫好，也為自己職業生涯中一些失敗的選擇感到遺憾。藉以自慰的是，我還能嚮往明天，正如美國詩人弗羅斯特的《未選擇的路》中所寫：

黃色的樹林裏有兩條路

很遺憾我無法同時選擇兩者

……

那天清晨這兩條小路一起靜臥在

無人踩過的樹葉叢中

哦，我把另一條路留給了明天

孫強

2023 年秋於香港

目錄

1

第一章

從聯合國到華爾街

我進入金融行業，其實是歪打正著。我幼時喜歡文學、歷史和語言，後來當過兵、種過地、幹過工人、上過學，缺的是經商。在美國，要跨進商業這個門檻，除了自己創業，似乎只能通過商學院的錘煉，才能跨行就業。

關於 MBA，百度百科如此介紹："MBA 起初誕生於美國，經過百年的探索和努力，它培養了為數眾多的優秀工商管理人才，創造了美國經濟發展的神話和奇跡。MBA 被譽為'天之驕子'和'管理人才'，成為企業界乃至社會敬重和羨慕的特殊人物，甚至在公眾心目中被視為'商界英雄'。據統計，美國最大的 500 家公司的總經理、董事長等高層主管，絕大多數都是 MBA。這一驚人的事實，是對 MBA 教育的成功業績的最好說明。MBA 意味著超群的能力、膽識、品德，代表著財富、地位、權力、榮譽，預示著希望、成功和輝煌。”

這段話肯定過於誇張，但對於從未接觸過商業的我來說，MBA 的確改變了我的人生軌跡。

聯合國譯員

1980 年，我在北京外國語學院英語系上二年級，有一天路過學校的告示欄，看到聯合國在北京、上海、廣州等地招聘翻譯專業學員的通知，勾起了我報考的願望。我打聽了一下，了解到這是為聯合國招聘的專職翻譯，考取後在北京培訓兩年，然後派往聯合國在紐約、巴黎、日內瓦等國際城市的分支機構任職。

聯合國的翻譯分同聲傳譯、筆譯和現場速譯三種，由於涉及國際組織的決議和各國首腦的講話，對於翻譯的準確性和及時性要求極高，被認為是翻譯行業的最高級別。聯合國有六種官方語言，分別是阿拉伯語、漢語、英語、法語、俄語和西班牙語，其中英語和法語是“軸心語言”，任何語種的文件都要先翻譯成英語或法語，再轉換成其他語言。這樣，各國譯員只需要互譯英語或法語就能勝任。1971 年中華人民共和國恢復在聯合國的合法席位後，逐漸意識到完全依靠之前台灣培訓的翻譯有一定風險，要求在中國大陸培養譯員。經過多次磋商，聯合國秘書處同意出資在北京外國語學院開設譯員訓練班。

譯訓班入學考試十分嚴格，由聯合國派出的官員直接負責評卷和面試，每期只招 25 名學員。我很渴望出國，但是擔心自己的水平不夠，跑去徵求學院的張漢熙教授的意見。張教授是中國和印度混血兒，從印度加爾各答大學畢業後一直在北京外國語學院教英文寫作，還編著出版了權威教材《高級英語》。他看出了我的膽怯，只點了我一句："You will never know unless you try."（你不嘗試，就永遠不知道結果。）

我聽了如醍醐灌頂：是啊，為什麼不敢去試？考不上又能怎麼樣呢？

我當即決定報考，這句話也成了我終身銘記的箴言。

這次報名的 5000 名考生需要通過筆譯、口譯、國際組織知識、面試等幾大關才有機會被錄取。我考的成績不錯，被錄取為譯訓班第二期學員。北外教研室曾經對考生承諾，如果考上譯訓班，就等於本科提前畢業，可以享受研究生待遇。我那年大學二年級末，進了譯訓班就搬進了研究生大樓，從四個人一間的宿舍升級到單間，每月還有 56 元的津貼。

譯訓班分為同聲傳譯和筆譯兩個小組，在北外大院裏的一棟小樓裏教學培訓。在選專業時，我希望翻譯時有時間斟酌，壓力也小些，就選擇了筆譯，儘管同聲傳譯技巧仍然是我們的一門必修課。其他培訓包括聯合國的歷史、憲章、機構組成、成員情況、運作機制、國際政治、經濟和外交常識等課程，對我來說並不難。有了空閒時間，我就用來繼續翻譯我喜愛的英文書籍，包括馬克·吐溫的自傳、猶太作家辛格的小說《童愛》、海明威的《流動的聖節》、歐文·斯通的《起源》、瑪麗·達文波特的《莫扎特》、魯思·約爾登的《蕭邦》等。

那時正值改革開放之初，隨著深圳、珠海等經濟特區的成立，港台和外國音樂流行內地，校園裏興起跳交誼舞之風。我從 18 歲當兵就沒有機會接近女生，跳交誼舞能讓我搭著女生的細腰旋轉，自然令我入迷。我家不在北京，每個周末都有空閒，一看見舞會告示就會趕去參加。組織者把學校的食堂或教室裏的桌椅搬開，關掉刺眼的日光燈，掛上搖曳昏暗的彩燈，騰出空間來當舞池。身穿中山裝、腳蹬球鞋的男生搭摟穿著碎花連衣裙、微抹口紅的女生，隨著流行音樂的節奏，邁出華爾茲、狐步的舞步，勾勒出一幅很不協調的畫面。

那時候交誼舞者的水平都一般，我在舞會上從不錯過一首樂曲。"熟能生巧"，練得舞步熟練，女生都愛跟我跳。除了跳舞，我還愛上了溜冰。一到冬天結冰的時候，北外的小操場就圍成一個溜冰場讓大家練習，技藝嫻熟的還會去紫竹院公園的人工湖，在冰凍而成的滑冰場上飛馳。

1982 年 7 月，78 級舉行畢業典禮，我找到英語系領導，要求和我們班同學一起合影並領取本科學位證書。系主任說我上了一年半的課，只能發肄業證書，不能參加畢業典禮。

我急了眼，不厭其煩地找教授、系領導、院長、學位委員會的老師逐個反映，要求學院履行原先的承諾，發給我本科畢業證書。也許是他們被我纏煩了，最後同意發給我英語學士證書，還參加了 78 級的畢業合影。幸虧我當時的堅持，才使我後來申請 MBA 時有了大學本科畢業的證明。

譯訓班兩年的培訓一晃就過去了，畢業後的工作崗位可以選擇在羅馬的聯合國糧農組織、在巴黎的聯合國教科文組織、在日內瓦的世界勞工組織，或地處牙買加的國際海底管理局。對於從未出過國的我，歷史悠久的羅馬、浪漫優雅的巴黎、幽靜平和的日內瓦、異國情調的牙買加都同樣神秘誘人；但我最嚮往的還是聯合國總部所在的紐約。

78 級畢業生合影，上排左起第六人是作者

可惜那年總部沒有空缺，我克制住自己出國的渴望，選擇等候。這一年裏，我的組織關係在外交部國際司，被派到北京外交學院對外聯絡處協調外國教授來華講學，同時教授翻譯課。

外交學院是國家培養外交官的搖籃，來訪和講課的外國教授和教育官員絡繹不絕，但我也想找機會外出走走。1983 年秋，北京市科學促進會打電話來聯絡處，說他們要接待一個美國醫學代表團，會裏的翻譯病了，問我們是否可以借調一人。我當即接下了這個任務。

這個代表團由美國“民間交流協會”（People to People）主辦，團員中有 20 多名呼吸道疾病專家及其家屬。他們三周的日程包括考察醫院和研究機構，以及遊覽廣州、昆明、成都等地的名勝古跡。

這是我第一次接觸美國人。出行的第一站是昆明，正好趕上萬聖節。10 月 31 日晚餐後，團員們請我參加他們的萬聖節派對。我聽他們說要扮裝，以為要穿與平時不同的衣服，就傻乎乎地穿上酒店的浴袍去湊熱鬧。

一進房間，看到大家有的扮成野獸，有的裝成巫婆，有的戴著嚇人的鬼面具，熱鬧非凡，只有我穿著一件白色長浴衣愣在那裏，不知如何是好。一位好心的醫生把我拉到一邊，解釋說，萬聖節俗稱"鬼節"，是美國人惡作劇尋樂的節日，孩子們裝扮成吸血鬼、僵屍、女巫、小天使去挨家挨戶要糖果，大人們也喬裝打扮參加派對，藉機取樂。

我聽明白了，趕緊回屋換了一件便裝，再去參加派對。

另一件令我印象深刻的是在旅遊巴士上的"投機倒把"事件。一天，在從昆明到石林路上，我們的旅遊巴士在一個小鎮上停車購物。一位團員買到了一頂色彩斑斕、形狀獨特的少數民族帽子，在徐徐開動的車裏炫耀。大家看到帽子十分搶眼，紛紛問他在哪裏買的、花了多少錢。

他不無得意地說："這是我花了大功夫找到的，僅此一頂，再沒有了！你們實在想要，我也可以拍賣出手。"

話音未落，一隻手已經舉了起來："我出 1 美元！"

"4 美元！""6 美元！"出價聲此起彼伏，幾分鐘後，價格就被哄抬到了 20 美元。帽主的眼睛在車裏巡視一周，問："還有人出更高的價嗎？沒有？一槌，兩槌。最後一次機會！還沒有人出價？三槌！20 美元，成交！"

我看得目瞪口呆：這頂帽子明明是剛才我幫那人討價還價、只花了 2 元人民幣（當時的匯率是 1 美元等於 3.72 元人民幣）買來的，一轉手居然賣到了 20 美元，價格暴漲了近 40 倍。

這不是投機倒把嗎？我問那個團員："你這樣倒賣不太合適吧？"

他看著我，笑著說："帽子只有一頂，大家都想要，拍賣給出最高價者，完全合理啊。這就是自由市場。"

我恍然大悟：原來這就是市場經濟！

團員們向我展示了資本主義的一面，我也回贈給他們中國文化，教他們太極和書法。三周旅行結束那天，我買了宣紙和筆墨，給每個人寫了一幅書法條幅作為臨別禮物。我和訪問團中的幾位美國醫生一直保持聯繫，30 多年後，他們還興奮地告訴我，家裏客廳最顯眼的位置仍然掛著我寫的條幅。

等了一年，聯合國的聘書終於發來了。1984 年 8 月 23 日，我揣著外交部借給我的 10 美元，經東京飛抵紐約。那時國門初開，儘管我是聯合國聘用的國際公務員，但也要作為外交部國際司的官員"借調"到聯合國秘書處工作。我們必須把 3 萬多美元的年薪上交國家，換來中國駐紐約總領事館提供的食宿和每個月 20 美元的津貼，組織關係放在聯合國工作組（簡稱聯工組）。

第一次出國的我，到了高樓聳立、五光十色的大都市紐約，興奮異常。每天走進飄揚著 150 多個成員國國旗的聯合國大廈裏都有一種自豪感。我的辦公室在聯合國大廈的 23 樓，窗外可見紐約東河秀麗的景色，一直遠望到皇后區和布魯克林區的盡頭。

曼哈頓是個狹長的小島，南北縱向的叫大道，東西橫貫的叫

1986 年底，參加聯合國中文處的年終同樂會

街。中國駐紐約總領事館坐落在第十二大道和 42 街的交界處，我每天上班要從 42 街的最西邊走到最東邊，全長 3.2 公里，穿過第八大道到第十一大道的紅燈區、百老匯大道上熙攘熱鬧的時代廣場、第五大道的紐約市立公共圖書館、公園大道的中央火車站，就到了第一大道的聯合國廣場。經過聯合國警察守衛的大門，穿過會議廳、咖啡廳和休息室，見到穿著各式服裝、操各種語言的外交官員，讓我覺得置身於一個變化無端的大千世界之中。

紐約是全球最具魅力的城市之一，匯集了世界各地的文化。絢麗奪目的霓虹燈廣告為百老匯的音樂劇招徠觀眾，來自世界各地的頂級交響樂、芭蕾舞、爵士樂、搖滾樂演出在表演藝術的“聖殿”林肯中心和卡內基音樂大廳競相獻藝。在這個五花八門的世界大都會裏，繁華與髒亂並存，富裕與貧窮毗鄰；豪華的住宅大樓裏面，富商巨賈悠然俯視橫臥路邊、衣衫襤褸的乞丐，以及匆匆走過的遊客和商人。

但這些浮華和享受都離我很遠。我住在領事館大樓一間十平米的單間裏，早晚在內部食堂用餐，外加 5 美元的午餐費。這點錢連單程 1 美元的上下班公交車票都不夠，更別說欣賞藝術表演、品嚐西餐了。我們那個年代，出國人員都惦記著給在國內的家人購買進口彩色電視機、電冰箱和洗衣機這“三大件”，我也省下津貼和午餐費來給家裏添置電器。為了不買午餐，我在辦公室裏用小電爐煮方便麵、或者到休息廳去喝免費咖啡充飢。久而久之，我對方便麵和咖啡的味道產生了反感，至今都不喝咖啡。

掙外快的一個方法是利用晚上和周末的時間教中文，每小時 8 美元。空餘時間，我為紐約的中文報紙《世界日報》撰寫名人軼事專欄，每篇 15 美元。我買衣服去慈善捐贈的“救世軍”舊衣店，周末跟著領事館的麵包車去郊區逛“院貨攤”（yard sale）。Yard sale 是美國人在家門口擺攤的習俗，周末時在周圍街道上掛出告示，出售家裏多餘的家具、電器、玩具等各種舊貨。我的獵物是一輛舊單車，才花了幾美元，拿回城裏代步。

一天傍晚，我騎車去中城 57 街的中國學院（China Institute）教中文，被一輛急速轉彎的出租車撞倒，我不顧手臂出血，跳起來去追，在下一個燈口趕上了出租車，記下司機的信息，回來卻看到兩個小夥子正想拿走已扭壞的單車，氣得直衝過去搶了回來。等我回去打電話給出租車司機索賠時，他已換了號碼，銷聲匿跡了。

生活雖然清苦，工作倒很輕鬆。中文處把各種會議文件、代表團的提案和發言分配給我們翻譯成中文或英文，我基本上用兩三個小時就能完成，剩餘時間可以幹自己的事。和我同一個辦公室的是來自台灣地區的陳重慶，他任職近 20 年，翻譯之餘一直在做貿易賺外快，小日子過的很舒坦。他也是聯合國的譯員，但收入和生活水平和我有天壤之別，住在郊區的別墅，開著自己的汽車，一年兩次出國度假或回台灣地區省親。

我不羨慕這種安逸的日子，更不想爬格子虛度光陰，而是渴望到外面的世界闖蕩，只是不知道怎樣才能跳出聯合國翻譯這一行當。

我去找我的中文學生羅德凱（Dane Rutledge）商量。他身材高大，留著整齊的絡腮鬍子，是紐約一家律師事務所的律師。羅德凱酷愛中國文化，天天練習跆拳道，是我無話不談的好朋友。他說，如果沒有任何商界經驗，很難直接出去找工作，最好先去讀個碩士學位。

我問："你覺得學法律好，還是工商管理好？"

他回答："做律師要上三年法學院，還得考律師執照。讀工商管理只要兩年，畢業就能找到工作。"

面前的選擇變簡單了：兩年，商學院。

奮發自學補習

報考商學院的第一道門檻是 GMAT 考試。這是美國商學院評估所有申請者的統考，分寫作、綜合推理、定量推理和邏輯推理四個部分。我翻看了 GMAT 的考試指南和過往考題集，發現有很多高等數學、統計和邏輯的題目我完全不懂。我大學讀的是英語專業，高中幾乎沒有接觸過物理化學，更不要說英文的課程了。很多美國考生都去 GMAT 的輔導中心補習，但費用高昂，我想都不敢想。

我只能自學。好在紐約市立圖書館和哥倫比亞大學圖書館都免費向市民開放，我去借了一堆高中和大學課程，利用空閒時間補習微積分、統計學、邏輯學等基礎學科。把基本概念學了一遍後，我開始做練習題，不懂的地方參照答案再學一遍。白天在聯合國辦公室，晚上在領事館，我把能找到的 GMAT 考題集都從頭到尾做了好幾遍，而且模擬實戰，按考試規定的時間快速答題。

GMAT 報名時需要填寫考試成績寄到哪裏，這對我是個難題。美國有 900 多所商學院，從普通的社區學院到全球頂級的名校，我該選哪幾家？我考慮的因素，除了學校的排名、我被錄取的機率，還有 100 美元的報名費。別看這 100 美元，相對我每月只有 20 美元的津貼，可是不小的一筆開支。

我想了一個省錢的辦法：申請免收報名費、排名又比較靠前的商學院，如北卡羅來納大學、普渡大學和加拿大英屬哥倫比亞大學，作為保底學校，再交費給兩家頂尖學校——哈佛商學院（Harvard Business School）和沃頓商學院（Wharton School of Business），試試運氣。

GMAT 大考前，我去聽了兩場推介會。哈佛商學院的 MBA 介紹會在曼哈頓西 44 街哈佛俱樂部裏舉辦，大廳裏座無虛席，聽眾幾乎清一色都是白人，西裝革履，腰間別著 BB 機，顯得淡定自信。而我，穿著從舊貨店買來的西裝，第一次走進美國高等學府的校友俱樂部，不免相形見絀。聽完簡介，我對哈佛這所世界名校的崇拜未減，被錄取的信心卻少了許多。

賓夕法尼亞大學俱樂部就在隔壁，沃頓商學院推介會的來賓也多是常春藤名校畢業、在大公司歷練了幾年的美國人，非白種人屈指可數。據副院長介紹，沃頓是美國第一所、也是唯一授予商業管理學士學位的商學院。它很國際化，尤其是勞德學院（Joseph Lauder Institute），由沃頓商學院和賓夕法尼亞大學（University of Pennsylvania，簡稱賓大）的文理學院聯合創辦，頒發 MBA 和國際管理雙碩士學位。勞德學院創建於 1983 年，其創意和捐款來自著名化妝品公司雅詩蘭黛（Estee Lauder）家族的萊昂納德和羅納德兩兄弟，以他們的父親的名字命名。勞德兩兄弟認為，美國現有的商學院培養的人才缺乏國際管理經驗和文化語言背景，他們設想的勞德學院不僅教授常規的 MBA 課程，還要訓練學員精通至少兩門語言，並深入了解所學語言的文化、經濟和政治環境，畢業後成為能在其他國家經商的國際管理人才。勞德每年只招 50 名學員，不放寒暑假，同時攻讀工商管理和國際管理的研究生課程，畢業時授予雙碩士學位。

聽了勞德學院的介紹，我的眼前一亮：這就是我心目中的理想學校！我的背景和語言能力符合它的培養方向，值得一試。

商學院招生時，除了看考生的 GMAT 成績和推薦信，最重要的就是考生寫的自述（essay）。我寫的主題是“求學若渴”，講我小時候由於社會動盪，找不到書讀，好不容易從朋友那裏借來一本古典小說，媽媽認為是黃色書籍，不准我讀。夜裏，我悄悄躲在被窩裏，用手電筒照著看，媽媽看見我的房間有光，以為失火了，跑進來發現我在偷偷讀書，二話不說就把書搶走了，讓我大哭一場。從此以後，我發誓，如果有機會讀書，我一定萬分珍惜，發奮學習，奪回失去的時光。我在中國學了英語，到了美國立志學習經商，為世界貿易往來做出貢獻。

這篇自述似乎打動了招生辦主任。入學後，他告訴我，這篇文章和紐約州立大學教授斯坦貝克寫的推薦信起了關鍵作用。斯坦貝克是研究海明威文學的專家，我在外交學院時曾接待他來中國講學，一起討論海明威的回憶錄《流動的聖節》。他用龍飛鳳舞的字體寫的信毫無保留地推薦我："我認為孫強是一個成就卓著、幹勁充沛、稟賦超群的譯者和文化信使。在多次有關海明威著作翻譯的切磋中，我和他有比一般師生更多的接觸機會，感受到了他的傑出領悟力和洞察力、扎實的分析能力和評判力量。"

他鄉遇貴人

九月，我忐忑不安地走進 GMAT 考場。一拿到考卷，我頓時有了自信：都是我已經複習過無數遍、似曾相識的考題。考試的四個部分，我每次都提早完成，還有時間休息一下，等待下一部分開始。果不其然，一個月後，我收到了 GMAT 成績：語言部分在 97% 區段（即在最高的 3% 以內），邏輯部分 93%，數學部分 91%。我的托福考試也得了 680 分，僅比滿分少了 20 分。

考完了 GMAT 和托福，寄出了商學院申請表，我總算鬆了一口氣。

秋高氣爽的紐約，聯合國大會迎來了各國首腦和外交官，各種酒會和晚宴接連不斷。在其中一次活動上，朋友介紹我認識了僑居紐約的法國金融家保羅・樂泊克（Paul Lepercq）。他畢業於哈佛商學院，此時在紐約經營自己的投資銀行樂泊克公司（Lepercq de Neuflize & Co.），從事證券交易和槓桿收購。

保羅長得高大魁梧，說話帶著濃重的法國口音。他喜歡中國文化和藝術，去過幾次中國，很欣賞中國學生刻苦好學的精神。他聽了我介紹自己的經歷，似乎被我自學英語、考取聯合國譯員的經歷打動，主動詢問我未來的志向。我說，我想轉去經商，但不知道該從哪裏下手，保羅爽快地答應找時間給我指點。

一個周六下午，保羅的秘書派車來領館接我去見保羅。這是一輛加長福特轎車，裏面有兩排面對面的座位，側面有微型酒櫃，備著飲料和酒水。轎車緩緩地開到第五大道近 70 街的一棟石灰岩公寓大樓前停下，戴著潔白手套的守門人帶我走進掛著水晶吊燈的大廳。保羅出來迎接我，說："來，我帶你看一下富豪的生活。這裏的房主是一個法國大公司的老闆，我的好朋友，平時住在法國，偶爾來住。"

這套公寓佔了全層，一出電梯就是寬敞明亮的客廳，巨大的落地窗映照著外面中央公園的綠蔭樹林。保羅帶我參觀了客廳、主臥、書房、客房和飯廳，把主人精心收集的古董家具、名畫、雕塑等一一指給我看。

眼前這豪華的陳設，是我做夢都無法想像的。看到我在發愣，保羅說："這就是成功人士的生活。美國是機會之鄉，你只要努力，也能得到這一切。如果你願意，可以從我的公司開始。"

一位成功的金融家，竟然願意提攜我，這讓我受寵若驚。我十分感激，但不知道我去他的公司能幹什麼。我想了想，說："感謝您給我這樣的機會，可是我得先學習，準備報考商學院，學到本領，一定來為您效力。"

保羅拍拍我的肩膀，說："好！如果你能考上商學院，我願意支持你。”

11 月，勞德學院通知我去面試。從紐約到賓大所在的費城（Philadelphia）要坐兩個小時的城際火車，再轉電軌車到西郊的校園。費城的名字來源於希臘文，意思是“兄弟友誼之城”，是美國歷史最悠久的城市之一，1682 年由威廉·佩恩奠定為賓夕法尼亞殖民區的首府，也是 1776 年《獨立宣言》的簽署地。

賓夕法尼亞大學是美國著名科學家、《獨立宣言》起草人之一本傑明·富蘭克林創辦的，其校徽由富蘭克林和威廉·佩恩兩家的徽章綜合而成，緞帶上的拉丁文是校訓：法無德不立。沃頓商學院的創始人是費城企業家約瑟夫·沃頓。他出生於一個富有的商業家庭，但沒有子嗣。1881 年，他把家產全部捐獻給賓大，創立了美國第一家商學院——沃頓商學院。

賓大校園的建築融合了英國牛津大學與劍橋大學的風格，校區佔地面積 269 英畝（約 1 平方公里）。一進園區就看到一幢幢歐洲建築風格的紅磚小樓，牆壁上爬滿的綠色藤蔓。穿過圖書館前的大草坪，沿著一條紅磚小道向西走，就到了沃頓商學院的主教學樓斯坦伯格·迪特里奇大廈（Steinberg Dietrich Hall）。走進樓裏，懸空的通道屋頂上垂掛著各國學生所在國家的國旗，斜切到地面的碩大落地窗外，映照著鬱鬱葱葱的校園景色。

勞德學院的辦公室在大廈的二樓，首任院長傑姆·伯爾尼親自面試我。聊完了我的經歷，他冷不丁地問我：“如果現在讓你在自己的墓碑上寫一句墓誌銘，你會怎麼寫？”

有人說過，MBA 招生時，面試官會故意問些刁鑽古怪的問題，考驗學生的應變能力。我略一思索，回答道：“這裏長眠著一個畢生不願意浪費一分鐘時間的奮鬥者。”

伯爾尼顯然對我的面試表現很滿意。臨走時，他握著我的手說："勞德要的就是你這樣有國際背景、又立志奮鬥的學生。"

一周後，我接到通知：文理學院的教授要在電話上對我的外語進行口試。勞德學院的新生必須在六門外語（漢語、英語、法語、西班牙語、葡萄牙語、德語）中選擇一門，伯爾尼認為我的漢語和英語都已達標，讓我挑選第三門語言。我在大學和聯合國時曾經學過入門法語，於是選擇法語口試。好在老師只問了幾個簡單的問題，我還都答上了。

1987 年 1 月，我陸續收到了北卡羅來納大學、普渡大學、英屬哥倫比亞大學、沃頓商學院和哈佛商學院寄來的函件。凡是申請過美國大學的人都知道，如果錄取期間申請人收到的是一封薄信，十有八九是名落孫山；如果收到一個厚厚的文件袋，應該是好消息，因為裏面附有錄取通知書和各種入學須知和表格。

哈佛商學院來的是一封薄信，顯然是拒收了。其他學校寄來的都是厚厚的信函，一打開，我高興得跳了起來——除了那幾家學校的入學須知，還有勞德、沃頓和賓大文理學院聯名發來的錄取通知書！

看了勞德學院的入學須知，我才明白，錄取雖然是好事，但入學馬上就要交 6 萬美元的學費，讓我為錢發愁。除了學費，還有宿舍的租金和基本生活費，每年起碼要 2 萬美元。我開始找獎學金、找貸款，但發現只有美國公民才能申請獎學金或政府提供的低息學生貸款，外國留學生沒有任何資助，所以中國學生大多數申請計算機或工程專業，極少有人考 MBA。我每個月的津貼少得可憐，也沒有任何積蓄，根本不可能籌措這些學費和生活費。再說，我拿的是聯合國的工作簽證，要轉為 I-20 留學生簽證，還要證明資金來源。

這對我是一個天大的難題。絕望中，我忽然想到保羅·樂泊克的許諾，鼓起勇氣打電話給他的秘書，請求和他見面。

幾天後，我如約來到公園大道 375 號的樂泊克公司。走進俯瞰曼哈頓景色的辦公室，保羅熱情地過來握手，問我：“你好嗎？找我有事？”

我覺得難以啟齒，遲疑了一下，說：“上次見面，得到了你的鼓勵，我努力複習，剛剛收到了沃頓商學院的錄取通知。”

“好消息！祝賀你啊！沃頓是一流的商學院，你能考進很不容易。“他頓了一頓，看我有點窘迫，問道：“你讀書的費用怎麼解決？”

我臉紅了，說：“我正在為這事發愁呢。我想了各種辦法，還是籌不到學費。”

保羅拍拍我的肩膀，說：“別著急，我幫你想辦法。”

幾天後，樂泊克的總裁弗朗索瓦打電話給我，說保羅決定為我提供全額獎學金，包括學費和每月 1500 美元的生活費。

我聽呆了。誰會想到，一個只有數面之交的法國人，竟然會如此無私慷慨地資助一個中國留學生！

這真是我的貴人。他在我一生中最重要的轉折點出現，改變了我的命運。

遭遇“黑色星期一”

勞德的學員五月初入學，先學習四個月的語言課，九月正式進入沃頓商學院，開啟 MBA 課程。

我馬上著手辦留學生簽證。我拿的是因公出國護照，要換成私人護照，必須辭去聯合國的工作，離開掛靠組織關係的外交部。我心裏清楚，聯工組的領導不會輕易同意我辭職，我只能“先斬後奏”，直接向聯合國秘書處提出終止僱傭合同，同時搬出領館，轉成普通留學生，換領因私護照。

三月初，我拿到了聯合國秘書處同意我辭呈的信函，提著裝著我全部家當的一個箱子，搬進皇后區的一間小公寓。面對我人已搬走、合同提前終止的既成事實，聯工組的領導只好同意我離職和更換護照。

1987 年 5 月，我告別了生活和工作了三年的紐約，搬到賓大的學生宿舍，開始了我的求學之旅。晚春時節，校園裏綠樹抽芽，滿牆的常春藤似乎都在向新生招手。在勞德學院的歡迎酒會上，89 級（美國大學的班級按畢業那年算）的 50 位同學逐個自我介紹，其中有退役的美國海軍士兵、半職業自行車賽手、旅行社的導遊、法餐廳的廚師、日本公司的職員，還有墨西哥農場主，來自不同國家，說各種語言，像一個迷你聯合國。

開學伊始，各組分別安排去本語種所在國進行沉浸式學習。我們法語組安排去巴黎，老師收集了大家的護照，拿去統一辦理簽證（那時恐怖活動猖獗，各國公民去法國都要簽證）。組裏 11 位同學中，只有我一個亞洲人，也唯獨我被拒簽，理由是不能在第三國申請赴法簽證。看著退回的護照，我直發愣：為什麼中國人求學這麼難？

我不甘心，決定自己去試試運氣。我請了一天假，跳上去紐約的火車，直奔第五大道的法國總領事館。我知道，簽證處的職員照章辦事，肯定拒簽，所以我要求見負責商務的官員。

我被帶到一間小會客室。十分鐘後，進來了一位身材微胖、面相友善的官員。我拿出剛過期的聯合國旅行證件，說我是前聯合國僱員，現在在沃頓讀 MBA，學校安排全班去巴黎學習法語，但只有我一個人沒拿到簽證。如果按規定回中國申請，不知何時才能拿到，肯定會錯過學習的機會。我懇求他考慮我的特殊情況，破例讓我在紐約辦理簽證。

官員認真聽我說完，點了點頭，說他去和簽證處溝通一下。

我在焦急中等了半個小時，終於盼到他回來，告訴我可以作為特例，三天就發簽證給我。

我簡直不敢相信自己的耳朵。又碰到了一位心善的法國人！

6 月初，我和法語組的同學一起飛到巴黎。學校安排我住到一戶經常接待交換生的法國猶太人家裏。這家人完全不會說英語，我只能用法語和他們溝通。房東的公寓坐落在巴黎第 16 區一條幽靜的小路上，步行能到特羅卡德羅廣場。我一有空就出門到塞納河邊散步，埃菲爾鐵塔周圍的空地上，年輕人在玩滑板、溜旱冰，老人打法式滾鐵球，情侶們親吻，街頭藝術家在展示他們的畫作，悠閒自在。

在巴黎學習期間，我們能憑學生證享受優惠——購買廉價的地鐵和巴士月票、在公立大學的餐廳就餐，等等。跟著新結識的中國留法學生，我還在中國駐法國大使館留學生部登記，周末去使館的內部食堂，花幾法郎就能吃上香噴噴的中國飯菜。

我的房東對錢斤斤計較，給我的賬單除了房租，還加了紅酒、奶酪、洗衣、電話等雜費。我根本不在他們家吃飯，不喝酒、也不吃奶酪，只打過幾次本地電話，洗過兩次衣服，分擔這些費用，心裏很不舒服。正巧我在使館告示牌上看到有個留學生分租公寓兩個月，地點在巴黎左岸拉丁區，價錢很合理，就拿了下來，然後搬進了轉租來的公寓。

這個房間很舊，在一棟樓房的頂層閣樓，要爬五層樓梯才能進屋，屋簷很矮。儘管房間條件很差，當我推開窗戶，看見塞納河對面的巴黎聖母院，聽到街頭藝人的笛子、手風琴和吉他悠揚的樂聲，就什麼煩惱都忘了。每天早晨我都去聖母院旁邊晨練，下課後和周末也喜歡在住處周圍遛達，看人畫速寫和吹拉彈唱、表演雜耍。

我每天都要去蓬皮杜中心附近的語言學校上法語課。教室在一棟紅磚小樓的三層，一樓是模特培訓學校，時常有衣著時髦、身材窈窕的少女模特進進出出，惹得我們班的男生癡癡地站在陽台上往下眺望。

我的法語基礎差，不敢分心，除了加倍完成老師佈置的閱讀作業，還要去蓬皮杜中心的語言實驗室，用磁帶機練習聽力和發音。我旁邊的隔音座裏是一位年輕女演員，正在學習英文單詞，聽到我在練習說法語，主動來幫我糾正發音。我也教她學英語，成了交換語言課的學伴。這個年輕女孩是比利時和韓國的混血兒，長得很漂亮，和她一起學習，給我注入了新的動力。

除了強化法語課程，學校還安排了商務活動。在安排去美國大使館拜訪商務參贊前，老師收集我們的護照登記，發現我的美國簽證已經失效，如果要從法國回去，還得重新辦簽證。我聽了嚇了一跳，急得第二天一早就直奔美國大使館簽證處。

1987 年夏的巴黎，經過了幾次恐怖分子的炸彈襲擊，已成驚弓之鳥，地處市中心的美國使館戒備森嚴，荷槍實彈的憲兵虎視眈眈地盯著每一個過往行人。使館簽證處前面排了兩條隊：較短的一隊只開放給歐洲國家公民，移動的速度很快；其他國家的申請人都排成一條長龍，緩緩往前蠕動。很多人都有備而來，帶了水瓶和長麵包，看起來起碼要等大半天。我一點準備都沒有，又飢又渴地排了將近五個小時隊才到簽證窗口。

窗子裏面坐著一位亞洲長相的簽證官，也許是法籍越南人。她接過我的護照，只掃了一眼，就毫不客氣地對我說："對不起，你不能在巴黎辦美國學生簽證。回本國去重新申請吧。"

話音未落，一個"拒簽"的印章就重重地蓋在了我的護照上。

我的心猛地一沉：好不容易拿到簽證來法國，這一下反而回不去美國，有可能連商學院都上不成了。我越想越沒底，幾天都沒心思上課，滿腦子都在琢磨這事。想了幾天，我突然記起來我們下周要去拜見大使館商務參贊，不如利用這個機會請他幫忙。我問了帶隊老師，她答應安排我和參贊單獨聊幾分鐘。

會見那天，我們小組的同學走進由美國海軍陸戰隊士兵把守的美國使館大門，看見外面等候簽證的長龍，回想起自己前幾天苦等的經歷，我不禁向排隊者投去同情的目光。

美國駐法商務參贊也是沃頓校友，他逐個詢問了我們的情況，鼓勵我們學好經商之道，將來為促進歐、美、亞之間的貿易效力。離開前，老師把參贊拉到一邊，說我有事相求。

我簡單敘述了我的困境，希望他幫我疏通一下，讓我能在巴黎拿到簽證，回沃頓完成學業。參贊聽了，同情地說："沃頓的學生都很優秀，不應該被簽證問題卡住。這樣吧，我的太太在簽證處工作，我寫一張便條，讓我的秘書明天帶你去找她辦。"

我大喜過望，不知道如何感謝他才好。他的秘書送我出來，問我晚上有沒有時間一起吃飯，我當然一口答應。

原來這位秘書在大學讀過中國歷史和文化，計劃申請派駐美國駐中國大使館工作，想從我這裏了解中國的近況。我們的晚餐雖然簡單，但我有了希望，吃得非常愉快。

第二天一早，我帶著麵包、礦泉水，做好了整天排隊的準備，到大使館門口和參贊的秘書碰頭。她帶我繞過排隊的長龍，直接走進簽證處，讓我在長椅上等候，自己拿著便條進去。

我打開一本書，邊讀邊等。沒過幾分鐘，大喇叭就廣播我的名字，讓我去一號窗口。我趕緊走到窗前，只見裏面簽證官笑臉盈盈地接過我的護照，簡單問了幾句話，就拿起印章，"嘭"的一聲蓋了戳，說："Bon voyage！"（一路順風！）

一來一去，兩次簽證被拒，又都"逢凶化吉"，冥冥之中，似有神明護佑。

9 月初，勞德的同學們結束了暑期語言進修，回到賓大，和沃頓商學院的 700 名新生一起入學。

校園中央的"刺槐小徑"（Locust Walk）兩邊熱鬧非凡，周圍的綠蔭裏、草地上，男女學生們三三兩兩，或看書，或假寐，或聊天，沉浸在一片輕鬆喜悅的氣氛之中。

開學快樂的氣氛沒持續多久。1987 年 10 月 19 日，紐約道瓊斯指數失守 508.32 點，跌幅達 22.62%，蒸發了 5000 億美元的市值，史稱"黑色星期一"。這場股災迅速蔓延全球，造成世界主要股市損失 17920 億美元，相當於第一次世界大戰經濟損失的 5.3 倍；百萬富翁淪為貧民，上千人跳樓自殺，銀行破產和金融機構裁員的消息不絕於耳。

十月份原是跨國公司和金融機構來招聘最忙的時候，但此時校園十分冷清，畢業生都憂心忡忡。這個氣氛也影響了金融專業的學生，有些人轉學管理和市場營銷，使原先爆滿的金融專業出了空缺。我原來報不上金融，現在一看有機會，馬上改進了這個專業。

這個危機中的選擇，使我以後與金融結下了不解之緣。

威廉・朱克（William Zucker）教授的創新課是我最愛上的課程之一。他把學生分成幾個組，讓他們到城裏去找能夠改建的舊樓，然後做一系列的調查分析，如了解樓宇周邊的租金情況，估算改造的成本、改造完成後可得到的租金收入，等等。各小組做完這些分析後，向全班彙報他們對改造舊樓的投資回報率得出的結論，由教授點評。朱克教授通過這個實地考察分析的教學方法，教我們投資回報率的測算和敏感分析，生動實用，比單純課堂灌輸強一百倍。

二年級的暑期，按照勞德學院的要求，我們要在選定的語言環境裏暑期實習。去不了法國，我找到樂泊克公司的總裁弗朗索瓦，申請去紐約實習，只要和他們的高管和客戶講法語，也能達到學校的要求。

進公司的第一天，保羅把我叫到辦公室，說："實習的最好方法是實幹。這樣吧，你幫我在曼哈頓選一棟合適的小樓，做一個收購、改建、出租的方案，預算是1000萬美元，目標股本回報20%，好嗎？"

這和我跟朱克教授學過的的課程相似，我胸有成竹地說："沒問題。"

保羅派人給我講了做項目的大致流程，介紹了幾個地產中介，讓我自己去幹。我了解了曼哈頓各區新舊樓的銷售價格、走勢和出租情況，認為上城西區（upper west side）西臨哈德遜河，東望中央公園，交通方便，比傳統的豪宅區上城東區（upper east side）的潛力更大。中介幫我介紹了一棟五層小樓，我花了幾周時間，摸清了改造成本，參照周圍樓宇的房租水平做了未來租金預估和收入模型，寫出了投資方案。

實習期間，我周一至周五住在紐約，周末回費城，來回都開我花 200 多美元買的一輛舊別克車。紐約城裏停車太貴，我把車停在曼哈頓對面的澤西市河邊，然後坐輕軌列車進城。前兩周都平安無事，第三周的周五傍晚，我下班坐輕軌到澤西市，來到停車的地方一看，大吃一驚：我的車還在，但四只輪胎和車頭的散熱器、裏面的收音機都被拆卸得一乾二淨，只剩一個空殼趴在地上。

看到這個殘骸，我腦子裏"嗡"地一下，一股無名火直往上竄。這輛車雖然破舊，可也是我的代步工具啊！這下我只能坐火車和巴士了。

沃頓的學生暑期實習，一般都有每月幾千美元的津貼，但我已經拿了樂泊克的獎學金和生活費，不能再要津貼。費城的房子留著，到紐約我就借住在朋友開的中餐廳的地下室裏。窄小的房間裏不通風，也沒有冷氣，盛夏中酷熱難耐，我整天靠開電風扇來緩解。有幾次睡著後受了風寒，胳膊疼得都舉不起來。

雖然住宿條件很差，我在紐約的實習還是收穫滿滿。除了在樂泊克學做項目，我參加了幾次關於國內金融改革的研討會，結識了一批金融和法律界的朋友，其中包括張利平、苗管華、李景漢、任克英、劉二飛、余曉陽、孫瑋、張懿宸、汪潮湧、楊向東、劉嘉凌等。

這群風華正茂的年輕人數年後都相繼回國，成為中國資本市場的先行者。他們之中，張利平、劉二飛、任克英和余曉陽四人最早進入華爾街，分別在美林、高盛、基德爾・皮博迪（Kidder Peabody）和所羅門兄弟工作。苗管華和李景漢是美國著名律所 Skadden Arps 的律師，早在 1991 年就回到北京，開設了外國律所的最早的一家北京辦事處。李景漢酷愛藝術和建築，主導了上海的外灘三號和北京的前門大街 23 號的改建，為恢復傳統建築風格和引進頂級國際餐廳創出了一條新路。

楊向東和張懿宸是東北高考尖子，因為成績出眾被保送到美國最出名的寄宿高中 Andover 攻讀，畢業後分別考上哈佛大學和麻省理工學院。孫瑋原是律師，從證監會轉入投資銀行，擔任摩根士丹利亞太地區聯席首席執行官，曾入圍《財富》雜誌全球最具影響力的 50 名女性。劉嘉凌是北京大學少年班學生，獲得麻省理工學院物理學碩士後加入摩根士丹利，一路升到亞太區固定收益證券部主管，後來創立了自己的對沖基金。

那時穿梭於美國和中國之間的還有王波明、高西慶和李青原等改革先鋒。王波明曾在紐約證券交易所做過數據管理，高西慶在華爾街著名的律師事務所馬奇・羅斯（Mudge Rose）當過律師，李青原是我國在聯合國第一個同聲翻譯，後來在美國哥倫比亞大學當訪問學者。他們幾位和王岐山、周小川、張曉彬、樓繼偉等官員配合，大力推動金融改革，聯手創立了“證券交易所研究設計聯合辦公室”（簡稱“聯辦”），為創辦證券交易所立下了汗馬功勞。

八月底，我把做好的舊樓改造方案交給保羅，他接過去放在桌上，拍拍我的肩膀說：“好，我抽時間看看。希望這次實習對你有幫助。”

後來我才知道，保羅其實沒有打算做舊樓改造，交給我的任務是讓我有獨立分析投資項目的機會。

初入華爾街

1988 年 10 月，隨著金融市場回暖，投資銀行和諮詢公司又如往年一樣，來沃頓校園選聘即將畢業的 MBA 學生。我們班的同學都參加了面試，先後拿到了一份到幾份聘書，但我一心想報效保羅，沒有找其他的工作，一直等到樂泊克公司給我發聘書。雖然薪酬比跨國公司低一些，我還是毫不猶豫地接受了。

1989 年 5 月 22 日，沃頓商學院的同學和賓大其他學院的應屆畢業生一起參加畢業典禮。富蘭克林大球場裏整齊地擺好了一排排摺疊椅，四周的看台上坐滿了前來觀看的畢業生的親朋好友。音樂奏起，學生們在各學院院長和教授們的帶領下，打著紅藍兩色的校旗，身著黑色學袍，頭戴方形學帽，列隊穿過校園，走進大球場。

頒發畢業證書是我們最激動的時刻。我們班的同學們依次走上講台，從院長手裏接過沃頓商學院、賓大文理學院和勞德學院頒發的三張碩士學位證書。輪到我的時候，我手捧證書，一股自豪感湧上心頭……十幾年的辛苦和努力，總算沒有白費！

慶祝派對和告別晚宴後，同學們各奔東西，有的去探親訪友，有的去遊山玩水，只有我，因為簽證問題無法回國看我父母，待在校園裏，等著上班。我打電話給保羅，說我已經畢業，希望儘快入職。

話筒裏傳來保羅爽朗的笑聲："不用那麼著急嘛。你讀了兩年書，應該去度個假。”

“度假？我真沒想過，也不知道該去哪裏。”

他說：“我在百慕大有一棟別墅，你去小憩幾天吧。”

從來沒有人如此慷慨地請我去度假，尤其是聞名遐邇的“百慕大三角”。這裏以飛機、軍艦離奇失蹤聞名，但四季如春，是享受海水、沙灘和陽光的天堂。

幾天後，我興奮地飛到百慕大首府哈密爾頓。下飛機後來到入境櫃台，警官看了我的護照，皺著眉頭問：“你來百慕大住幾天？然後去哪裏？”

我說：“我來度六天假，然後回紐約。”

“是嗎？那你回不去了。百慕大是英國海外領地，從紐約來不用簽證，但回美國是要的。你的學生簽證離開美國就失效了，趕緊重新辦吧。”

什麼！我好像被人當頭澆了一桶冰水，把高興的心情沖得一乾二淨。我怎麼就沒想到來百慕大是出境呢？我忐忑不安地走出機場，見到保羅在百慕大的助手笑容可掬的面孔，又高興，又忐忑不安，不知道該說什麼。她開車把我送到別墅，帶著我在百年檀香木蓋成的老宅裏轉了一圈。

這棟三層樓的別墅依山傍海，走出大門，從旁邊的石板徑拾級而上，能走到山頂，放眼望去，藍色的大海、遠方的小島和來往的遊輪盡收眼底。山上有岩石堆砌而成的階梯式花壇，中間一道瀑布潺潺流下，注入綠波蕩漾、清澈見底的游泳池，邊上有一個硬木鋪成的露台，直通大宅的客廳，使整座房子顯得十分寬敞明亮。別墅的每個房間都有無敵海景，房樑柱子間飄逸著檀木的淡淡清香。

保羅的助手把我的住處安排妥當，還給了渡船代幣，方便我乘船去周圍的島嶼遊玩。

身處人間仙境，我卻心亂如麻，第二天一早就跳起來直奔美國領事館。簽證處排隊的人不多，但我剛交進去護照，簽證官就不由分說地蓋了“拒簽”，讓我回國去申請。

我怏怏地走出領事館，茫然地眺望周圍的白色英式建築、拱形的綠色槐樹、藍色的大海。該怎麼辦呢？

我向保羅的助理和佛朗索瓦求助，他們都無計可施。我徹夜未眠，腦子裏一遍又一遍地想朋友中有沒有人幫忙，最後想起一個在美國國務院工作的朋友，趕緊撥通他的電話，描述了我的困境。

他沉吟了一陣，說：“給我幾天時間，讓我想想辦法。”

有了一線希望，我放鬆下來，花了兩天時間去遊覽聖喬治、哈密爾頓、洞穴區、聖凱瑟琳碉堡等旅遊景點，欣賞百慕大的美景。

三天後，朋友從華盛頓打來電話，告訴我：“我向國務院的朋友介紹了你的背景，他們願意幫助你，已經通知駐百慕大領事館了。你明天再去一趟，應該能辦成。”

次日領事館剛開門，我就到了簽證窗前，看到裏面換了一個官員，我懸在空中的心放了下來。他很乾脆，直接在我的護照上蓋了一個旅遊簽證許可，微笑著說：“祝你好運！”

永不言敗的嘗試，使我又過了一關。

回到紐約，我馬上去樂泊克報到。上班第一天，保羅帶著我在辦公區轉了一圈，介紹公司的三個部門，讓我隨便挑選。資產管理部協助法國家族和機構管理股票、債券和其他資產，地產部做養老地產開發，投資銀行部從事融資和槓桿併購（leveraged buyouts，簡稱 LBO）。

1989 年是槓桿收購的巔峰時期，業界最為津津樂道的是 KKR 豪擲 310 億美元收購煙草巨頭 RJR 納貝斯克的案子，而黑石、貝恩、赫爾曼 & 弗里德曼（Hellman & Friedman）、希克斯．繆斯（Hicks Muse）等公司主導的 LBO 投資項目也風雲一時。

LBO 是“四兩撥千斤”的併購方法。“L”，leverage，是指用槓桿（借債）來降低股本投資比例，藉此提高淨資產收益；“BO”是收購現有股東的股權（buy out）。LBO 投資複雜多變，需要在資本市場、金融產品、財務分析、投資架構、法律條款等方方面面的知識和技能。我當然希望能參與學習，便請求加入投資銀行部。

投行部裏 LBO 的主要操盤手是董事總經理馬塞爾．富尼耶（Marcel Fournier），我被派去當他的助手。馬塞爾個子不高，長了一個典型的法國鷹鉤鼻，平常不苟言笑。他在美國定居多年，但說話仍然帶有濃重的法國口音，做事認真仔細，對我要求也非常嚴格，讓我從基本功開始，邊學邊幹。

他給了一本保羅交給他的書，《如何寫作》（*How to Write*），讓我練習寫作。這是一本很薄的書，有各種商務文件的範本，包括公司通函、會議紀要、請示批覆、備忘錄、總結報告等，我要按每一種樣板練習寫各種文件，寫完了交給馬塞爾點評。經過一周的反復練習，我的商務寫作水平大有提高，至今受益。

馬塞爾做 LBO 項目時，首先研究宏觀趨勢，選擇聚焦行業。他分析了消費和零售行業的項目，雖然目標企業很有吸引力，當爭搶的競爭對手也很多。而為賣場和超市服務的長途運輸行業，現金流穩定，增長速度與零售行業相似，相對偏門，值得我們關注。考慮到樂泊克的資金有限，馬塞爾尋找的是規模相對較小、創始人希望套現的企業。

我們一起跑了一圈，找到了兩個不錯的標的：一家是德克薩斯州的冷凍運輸公司，另一家是阿拉斯加的船運公司。馬賽爾花了幾個月的時間，帶著我穿梭於達勒斯和西雅圖之間，和兩家公司談判收購價格和條件、做盡職調查、編寫財務預測和公司資料、聯繫銀行貸款。這些都基本落實了，還差幾千萬美元，要靠次級債券（mezzanine financing）來填補，就去找這種債券的發明者邁克爾·米爾肯。

這位金融奇才畢業於沃頓商學院，在德雷克斯證券公司工作時發現債券市場的一個現象：大批急需資金的企業即使願意付高息也拿不到貸款，同時又有很多中小儲蓄銀行都在找高息債產品，形成了一個潛力巨大的空白。米爾肯開始尋找缺乏信用評級、但有穩定現金流的企業，對它們的還款能力做深入研究，根據其結果確定合理利率，再把債券推銷給渴望收到較高利息的投資機構。這樣發出的高息債券被買家一搶而空，米爾肯逐漸完善自己的發債、研究、交易體系，吸引了更多的企業利用高息債券融資。對於希望降低股本投資比例的 LBO 基金，米爾肯的高息債券無異於雪中送炭。由於高息債券越發越多，又上不了評級的台階，市場戲稱為“垃圾債券”。從 1977 年到 1987 年的十年之間，米爾肯包銷的垃圾債券融資額達 930 億美元，幾乎壟斷了整個市場。他出具的“高度信心”融資承諾函含金量與銀行擔保相當，他本人也被冠以“垃圾債券大王”的稱號。

馬塞爾的兩個 LBO 項目依靠米爾肯的垃圾債券而使用了高槓桿，以 5% 的股本金撬動了兩億美元的收購。投資完成後，馬塞爾讓我和他一起加入公司的董事會，作為控股方參與管理。我的任務是和財務部門密切溝通，隨時了解運營和財務狀況、更新滾動財務預測，定期向銀行和次級債權人彙報。我差不多每周都要飛達拉斯或西雅圖，幫助馬賽爾分析和處理問題。

在投資銀行部，我不僅做 LBO 投資，還參與併購諮詢。我最喜歡的一個項目是為一個法國客戶旗下的穆尼飛機製造公司（Mooney Aircraft）尋找買家。這是一家老牌飛機製造商，生產的小型單引擎活塞飛機價廉物美，深為醫生、律師和企業家等飛行發燒友喜愛，但因為產品質量保險負擔過重，急於脫手。

我被派到在得克薩斯州的穆尼公司三周，任務是寫出一份給潛在買家的併購備忘錄。那個地方人煙稀少，幾乎全是白人，每次我去餐館吃飯，周圍的人都會向我投來好奇的目光，讓我體驗了外國人在中國被圍觀的感受。工作之餘，試機組的機師帶我去試飛，坐在副駕駛座，在幾千米的高空巡航，俯視身下一片片樹林和錯落有致的住宅，有一種騰雲駕霧的奇妙感覺。

工作穩定了，我憑 H-1 簽證拿到了美國的永久居留權（即"綠卡"），在新澤西州的愛迪生買了房子，算是實現了"美國夢"。這棟獨立屋佔地一英畝，前有草坪，後有花園，還有一個 10×30 米的泳池，住起來很舒適。

每天早上，我開 20 分鐘的車到火車站，乘 40 多分鐘的城際火車到曼哈頓 33 街的交通樞紐再轉地鐵，整整一個半小時才能到公司。下班趕火車回家，上了車就打瞌睡，經常坐過站，如果碰上加班，往往半夜才到家。

美國中產階級的壓力來自於購房買車而產生的負擔，每個月的工資交完稅，付了按揭、車貸、孩子的學雜費、交通費、食品費，基本所剩無幾。打掃家裏衛生、修剪草坪、清理游泳池、粉刷外牆等活都得自己幹，日子過的並不寬裕。

無論如何，我在樂泊克三年，學到了很多，尤其是得到保羅的親自提攜和眷顧。他愛思考，經常發表隨想，從世界政治到修身養性，從金融理論到人生哲學，無所不及。他的行文很像海明威的"電報式"風格，流暢簡潔，我非常愛讀。

遇到這樣一位引路人，是我畢生之幸。

2

第二章

高盛磨劍

在全球大型投資銀行中，高盛高居金字塔的頂端。高盛是馬科斯·高德曼（Marcus Goldman）在 1869 年創建的，他的女婿塞繆爾·薩克斯（Samuel Sachs）、兒子亨利·高德曼和另一個女婿路易·德萊富斯先後入股後，把公司定名為高盛。高盛以吸引和培養金融精英著名，在高盛工作過的人才遍佈全球金融界和政府部門，被認為是金融人界的“西點軍校”。

高盛之所以能夠盛產金融人才，是因為它把人才的聘用、培訓和提拔視為頭等大事。公司有 14 條至高無上的業務準則，其中關於人才如是說：“我們不遺餘力地為每個工作崗位物色和招聘最優秀的人才。雖然我們的業務額以十億美元為單位，但我們對人才的選拔卻是以個人為單位，精心地逐一挑選。我們明白，在服務行業裏，缺乏最拔尖的人才就難以成為最拔尖的公司。”

高盛確實不遺餘力地貫徹了這條原則。

東京、香港面試

在太平洋的另一邊，中國的金融改革正在如火如荼地進行。1990 年和 1991 年，上海證券交易所和深圳證券交易所相繼開業，拉開了企業向公眾融資的大幕。1992 年 5 月，鄧小平南巡後，國家體制改革委員會（發改委）啟動國有企業股份制改造，決定讓青島啤酒、上海石化、廣州廣船、北人印刷、昆明機床、馬鞍山鋼鐵、儀徵化纖、天津渤海和東方電機等九家企業作為首批試點赴香港上市。

這是令投資銀行垂涎欲滴的一塊大蛋糕。高盛、美林、瑞銀、摩根士丹利等國際大行都躍躍欲試，為了搶項目，它們一方面在公司內部調動資源，另一方面在市場上招募熟悉中美兩國情況的雙語人才。美林集團首當其衝，在內部提拔了來自上海的張利平作為董事長特別助理，陪同高層數次赴京，探討與中國政府和企業合作的機會。

高盛倚重的是已有數年投行工作經驗的劉二飛。他是長春人，在吉林農村插過隊，1977 年考入北京外國語學院英語系，大學二年級時申請到了美國布蘭迪斯大學的獎學金，成為該校歷史上第一位中國學生，從那裏又考上了哈佛商學院，先後在摩根士丹利和高盛就職。他善於交友，人脈很廣，被派與高盛合夥人萊爾夫・帕克斯（Ralph Parks）一起組建中國團隊。

二飛約我在紐約見面，打開話匣子就說個沒完，從國內方興未艾的金融改革，到高盛廣招海外金融人才，滔滔不絕。二飛是個“能在阿拉斯加把冰塊賣給當地人”的推銷高手，經他一說，我如果不回國參加金融改革、不去高盛亞洲面試，就會終身悔恨。

1992 年初夏，我回國探親，在北京和杭州各住了半個月。和六年前相比，兩座城市的面貌和市民的生活都恍如隔世——百貨商店商品琳琅滿目，城裏新樓林立，街頭小販生意興隆，人們都摩拳擦掌地向往著創業、掙錢、出人頭地，洋溢著人人振奮的氣氛。

探親後回美國的路上，我按照二飛的安排經停東京和香港，接受高盛亞洲區高管的面試。一進東京的日航酒店就看見房間桌上擺著明天高盛的面試時間表：早晨 8 點開始，一小時見一個部門負責人，中午工作餐，基本沒有休息時間，一直到晚上 6 點才結束。

高盛在東京的八個合夥人的依次面試，好像是輪番受審：你的生活經歷？金融方面的經驗？長處和短板？志向和訴求？為什麼要來高盛？你能為高盛做什麼？…… 我感覺問題像機關槍似地掃射過來，令我接應不暇，答完了好像被人扒了一層皮。

下一站是香港。我曾經去過這個“資本主義大染缸”，住在九龍油麻地的朋友家，出門就是街市：早晨小攤賣菜，晚上大排檔炒海鮮，人聲鼎沸，地上淌著魚櫃滲出的髒水，給我留下了擁擠髒亂的印象。這次二飛讓我在他家借住一晚，感覺像是到了另一個世界。

二飛家在港島淺水灣 101 號的一座高層公寓，客廳正對一望無垠的藍色大海，遠處不時有白色的遊艇駛過，陽台上能看到半月形的海灘，讓人心曠神怡。走出公寓，從一條小徑拾級而下，走到淺水灣海灘，脫下鞋子在沙子上漫步，任憑清澈見底的海水拍打我的腳面，緩衝東京面試給我帶來的緊張情緒。

第二天一早，二飛帶我到中環萬國寶通大廈 38 樓的高盛辦公室去見董事長曾國泰。他的房間裝修高雅，深咖啡色木牆和淺色條紋沙發顯得肅穆，窗外俯瞰綠蔭環繞的香港公園，遠眺維多利亞港（簡稱維港）旁邊的機場。曾國泰的門外坐了兩個秘書，敲門進來送文件時，他只要用腳一踩寫字台下的暗鈕，門就自動打開，讓我看得嘖嘖稱奇。

下一個面試我的是負責企業融資部的彼得・惠勒（Peter Wheeler）。彼得帶領團隊爭搶 H 股上市的承銷任務，他關心的是團隊的基本技能、實戰經驗和與人溝通的能力。他的面試讓我意識到，投資銀行的一個重要技能是溝通，這和翻譯類似——把企業概況用金融界熟悉的方式和語言翻譯給投資者，再把投資者的要求轉換成企業的財務目標。

在東京和香港各逗留一天，我飛回紐約。一周後，彼得給我打來電話："好消息！我代表高盛給你 offer，擔任第一年投資經理（first-year associate）。按照高盛的慣例，你得先表示接受，我們再發書面 offer。"

我聽了又高興，又失望。本來我並沒有計劃跳槽，一心想為保羅效力，但這次回國讓我感受到了熱火朝天的改革浪潮，很想加入高盛，回國發展，只不過這個降兩級入職的 offer 令我很不舒服，畢竟我已經在樂泊克做了三年 LBO 和投行工作。

我打電話和二飛商量，他建議我先接受 offer，進公司後如果表現出色，再要求跳回原級別。

我再次面臨選擇：去高盛，還是留在樂泊克？

加入高盛，公司實力雄厚，能在國內金融改革階段施展能力，但有可能要放棄綠卡，搬回亞洲，還要降級減薪；留在樂泊克，工作穩定、生活舒適，但發展前景有限。

我十分猶豫，決定去徵求保羅的意見。

進了保羅的辦公室，我有點緊張，不知道從哪裏說起。他看出了我的心思，問我："你回國度假，是不是有了新的想法？我知道中國正在改革開放，肯定有了巨大的變化。"

我把自己的想法和盤托出：回家探親，我感受到發展的熱潮，看到了資本市場開放的機遇，拿到了高盛的 offer，機會難得，但又不捨得離開樂泊克。我對保羅說，樂泊克如果要開拓中國市場，我願意盡全力效勞。

他笑了笑，說："樂泊克太小，不具備進入中國市場的條件。從你的事業角度上看，去高盛更合適，更容易讓你發揮你的特長。你不用顧慮樂泊克，就放心地去闖吧！"

這樣無私、坦誠的考慮，讓我不知道該說什麼好，只能使勁地握著他的手，連連道謝。

第二天一早，我打電話給彼得，表示願意接受高盛的聘用，但有一個條件：如果我表現出色，一年後還原我的級別。

彼得同意了。

這個"吃小虧"的選擇，後來證明是對的。

群雄大戰 H 股

1992 年 8 月，我正式入職高盛，參加為期一周的入職培訓（orientation）。絕大多數學員都是剛畢業的 MBA 學生，我上沃頓本來就是年紀最大的一個，現在又作為已經幹了三年投行的新人來接受培訓，感覺怪怪的。培訓課程系統介紹了高盛的歷史和企業文化，請各部門的負責人來介紹他們的業務範圍，然後搞團建活動，其中最強調的是不要突出個人，在任何時候都要以團隊為先。

培訓結束，我開始在曼哈頓下城寬街（Broad Street）85 號的高盛總部上班，毗鄰就是世界聞名的華爾街（Wall Street，意為"牆街"）。這是一條南北向的狹窄街道，全長約 500 米，原有 17 世紀荷蘭移民修建的一堵木板牆，英國移民來後將這面牆拆除，興建了很多市政建築和商業大廈，逐漸吸引來一批金融機構設立總部，包括紐約證券交易所（NYSE）、納斯達克（NASDAQ）、美國證券交易所（AMEX）、紐約期貨交易所（NYBOT）、紐約商品交易所（NYMEX）、商業銀行、保險公司、證券公司、投資基金等，形成了一個金融神經中樞。隨著這個神經中樞向全球的延伸，"華爾街"也逐漸成為資本市場的代名詞。

在高盛的頭幾個月，我的主要任務是把亞洲企業融資部撰寫的 H 股上市建議書翻譯成中文，參加這些企業選擇主承銷商的招標。高盛的目標是青島啤酒、上海石化和儀徵化纖三家企業，標書裏介紹了香港上市的流程、高盛對三家企業的看法、投資者關心的重點、上市前需要做的準備工作，以及具體工作計劃和執行方案。為了給主管部門和 H 股企業留下好印象，企業融資部的同事寫的儘量專業，標書裏充斥各種金融術語和複雜的概念，因此翻譯的難度很大，又要求兩天內就交回，時間很緊。我找了兩位聯合國的前同事幫忙，利用香港和紐約 12 個小時的時差，流水線似地工作。香港的同事下班前把英文稿發過來，我們在紐約已是早晨，翻譯完，傍晚時發回香港。我帶著同事夜以繼日地趕工，用上了多年的翻譯經驗，按時按質完成了所有文件的翻譯。

在紐約工作了四個月後，我在 1992 年底舉家搬往香港。由於屬於美國派往亞洲的員工，我能享受“外派待遇”（expatriates' package），領取住房補貼，報銷孩子上私立學校的學費，一年一次全家回美國度假的商務艙機票，私人會所費用等。為了便於員工搬家，高盛設立了搬遷服務處（Relocation Service），負責一切搬遷事務和費用，包括房產和汽車的處置。資產出售後，高出成本的收益歸我，虧損由公司補償。

到了香港，高盛的照顧也是無微不至：先讓我們全家下榻在金鐘港麗酒店套房，同時讓地產中介帶我看房。兩周後，我們搬進一套三個睡房的服務公寓，再接著找長租公寓。看了一圈房子，我選擇了帝景園的一套三房公寓，月租六萬港幣，全額由公司支付，同時還報銷物業中介費和購置家具、窗簾、抽濕器等費用，正如二飛形容，類似“共產主義社會”的待遇。

帝景園所在的港島半山區，與山頂、南區、九肚山、渣甸山等同屬香港的“豪宅區”，是外國大班[1]、本地富豪和跨國公司職員聚居之地。帝景園有五棟粉紅珊瑚色的大廈，面朝維多利亞港，景色優美，還有穿梭巴士、網球場、壁球場、健身房、游泳池、兒童遊樂場等服務和設施，居住十分舒適。

高盛提供如此周到的服務和福利，是為了讓員工無後顧之憂，全力以赴地為公司奮鬥，而我們也確實沒日沒夜、加班加

---

1 粵語，指外國的商人、富豪。

點地工作。除了和負責 H 股上市的中央部委和地方政府部門聯繫、拜訪九家企業的高管、繼續招標的準備，我還要幫助二飛面試新員工。

藉助他自己的人脈關係和獵頭公司的搜索，二飛找來了不少受過美國教育和培訓的雙語人才，我參與了逐個面試，先後見了任克英、戚培文、戚其文、蕭歐、樓雲麗、吳剛、楊軍、張欣等候選人。

和張欣的電話面試最有意思。她當時在紐約工作，約好了和我在香港時間上午 10 點通電話。紐約時間晚上 10 點，我準時撥通了她的手機，只聽到“Hello, this is Xin”（我是張欣）的答語，接著傳來震耳的搖滾樂聲浪。我有幾分不悅：事先約好的面試時間，怎麼去了酒吧？我提高了嗓門說：“我是高盛的孫強，我們約好了 10 點通話的。”

她哈哈大笑：“別逗我了！這不是通話的時候！”

她顯然是喝多了。

“你那裏太吵了，我們改日再聊吧。”我說完就掛了電話。

第二天，張欣給我發來電郵，對前一晚的失誤表示歉意，又重新約了時間面試，結果輕鬆過關。

張欣在高盛的時間不長，但充分顯示了她分析和解決問題的能力。1994 年，她離開投行，和潘石屹聯手打造 SOHO 中國，成為中國最成功的女性企業家之一。

另一位敢闖敢衝的女將是蔡紅軍。我在高盛辦公室面試時覺得她很有靈氣，但不太適合做企業融資的執行工作。二飛讓我再細聊一次，我為了環境輕鬆一些，約了蔡紅軍中午在香港公園吃盒飯。這次她展示了很高的情商和溝通能力，但在財務分析和建模的基本功方面還是有些欠缺，結果沒來高盛，而是加入了老牌投資銀行史密斯巴尼。此後 30 年，蔡紅軍一直在金融界馳騁，擔任過花旗、美林、瑞銀等國際投行的高管，被譽為“第一個開闢華爾街的中國女人”。

在和中國政府部門和企業的溝通方面，我們都比不過美林集團的中國主管張利平。這個上海人，曾在對外經濟貿易合作部[1]工作過，諳熟政府部門的運作程序，也很善於和企業打交道。他早在 1988 年加入美林，中國金融市場開放之初就陪同美林的董事長和其他高層數次訪華，保持和國務院及有關部門領導的關係，為美林爭搶在 H 股上市中打下了基礎。

在九家 H 股上市企業中，上海石化和青島啤酒最為熱門，前者融資規模最大，後者的故事最吸引投資人。美林集團的長期鋪墊使它拔下頭籌，和百富勤聯合承銷上海石化，高盛居然在競標爭奪主承銷商中只拿到了儀徵化纖和鎮海石化的副承銷商，做了個配角。青島啤酒被中國建設財務（中國銀行下屬投行）搶走，渣打銀行、華寶銀行、滙豐銀行（獲多利）和百富勤等分別擔任北人印刷、廣州廣船、洛陽玻璃、儀徵化纖和鎮海石化等公司的主承銷。

這次中國企業境外上市的拚搶失利，引起了高盛全球管理委員會的重視。公司高層組織了一個跨部門研究小組，起名為“高盛中國 2000 年”。他們對中國的宏觀發展和市場走向做了全面分析後寫了一份總結報告，向高盛全球管委會彙報，其中預測：到 2000 年，高盛在中國的業務規模可觀，員工將超過 1000 人。

1　2003 年 3 月，組建商務部，不再保留對外經濟貿易合作部。

併購諮詢長見識，項目融資陷泥潭

在全球的投資銀行中，高盛的併購諮詢傲視群雄。任何一家《財富》500強的跨國公司，只要碰到敵意收購，或者計劃併購競爭對手，都把高盛作為財務顧問的首選。

美國最大的日用消費品公司寶潔（Procter & Gamble）也不例外。它1987年進入中國市場，當時不了解大陸情況，為了藉助李嘉誠的關係和影響力儘快打開市場，與和記黃埔（簡稱“和黃”）成立了名為寶潔中國的合資公司，和黃佔股30.75%，寶潔佔股69.25%。五年後，寶潔在中國逐漸羽毛豐滿，決定回購合資公司的全部股份，聘請高盛提出合理的收購價格。

我參與的高盛項目小組按照併購標準流程對寶潔中國未來五年做出財務預測，計算出整個公司的公允價值是6億美元，建議寶潔出價2億美元收購和黃30.75%股份。

和黃對寶潔提出的收購建議不予還價，顯然認為估值太低。我們知道，和黃在不慌不忙地等著寶潔漲價，因為它手裏拿著一個緊箍咒：合資協議規定，寶潔未來無論在中國推出任何新產品都必須由這家合資公司經手；也就是說，寶潔在中國這個巨大市場的所有未來銷售和利潤，都要永遠與和黃三七分羹。這個永久分成的權利，價值多少？

此時可能誰也說不准，但和黃絕不肯輕易放棄，以“姜太公釣魚，願者上鉤”的態度，等待寶潔逐步發現它願意支付的價格，直到抬不動價為止。佔談判上風的和黃，最終拖了十年，分三次賣出寶潔中國的股份，合計收回24.3億美元，是最初出價的十倍。

我也領教過李嘉誠迅速發現問題關鍵的敏銳能力。1993年，高盛幫助山東日照電廠融資，希望長江集團下屬的香港電燈公司投資，為此曾國泰董事長帶我們去拜見李嘉誠先生。

按照約好的時間，我們來到長江集團的總部香港中環華人行大廈，秘書在樓下迎接。她帶我們乘專用電梯直達頂樓，走上兩邊保鏢守護的樓梯，才來到“李超人”的辦公室。這是香港很多富豪的安排，以防不速之客闖入。

李超人笑容可掬地站在那裏迎接我們。他個子不高，略有禿頂，幾縷頭髮橫梳過突出的前額。我們事先分析過，認為香港電燈實力雄厚，但缺乏增長空間，投資山東電廠能為它在大陸發展鋪設一個跳板，李先生應該會喜歡。

沒想到，聽完我們的介紹，李先生單刀直入地問：“我們投資電廠，首先要盈利。沒有上網電價的保證，肯定虧損。這個你們能拿到嗎？”

李超人果然厲害，一下子就看到了項目的癥結：我們和山東電力局正為此事談判，尚未達成一致；而且在做山東電廠之前，我們在廣州黃埔電廠，也是在同一個節點上陷入了僵局。

一年前，高盛決定在中國推行項目融資，把紐約幹這行的專家湯姆·吉邊等幾位同事調到香港，主攻電力和基礎設施。我和他們一起去拜訪電力工業部，介紹了 BOT[1] 模式，建議電力部同意我們做項目融資的試點，新建或改造電廠，緩和全國電力供應緊張的局面。對於這種能夠吸引民間和外國資本，加快國內電廠建設的模式，電力部表示支持，指定廣州黃埔電廠作為高盛項目

1 即建設—經營—轉讓（build-operate-transfer）。

融資的試點。

BOT 模式的關鍵是在項目籌建前就要電網保證，電廠營運後能滿負荷發電，並以保底電價上網。內地的電網都是電力局管理，沒有它的同意，電廠融資就無從談起。湯姆帶著我和張欣每周都從香港去廣州，向習慣於計劃經濟的電力局官員講解 BOT 電廠的基本概念，包括向投資者提供長期供電協議和最低上網價格，保證合理的投資回報，才能吸引數億美元的投資來興建電廠。

經過幾個星期的耐心講解和討論，官員們總算理解了這些概念，但在投資的合理回報這個問題上和我們的看法截然不同，尤其是不願意承擔原料煤的價格和匯率波動的風險，亦不承認投資電廠有股本回報的風險，應該獲得遠高於 6% 左右的銀行利率。

雙方對於風險和回報截然不同的看法，使廣州黃埔電廠的融資談判陷入了僵局。

正在這時，二飛告訴我們，他的朋友張曉彬在山東做一個類似的項目，政府支持力度很大，不如轉戰山東。

張曉彬是中國新技術創業投資公司（簡稱中創）的董事長，是內地最早從事風險投資的一位改革派人士，和政府部門關係很深。高盛確認加入後，他馬上組團，帶著中創的同事、百富勤董事長梁伯韜、畢馬威中國合夥人何潮輝、高盛的湯姆、二飛和我，一行人浩浩蕩蕩地直奔山東濟南。

山東省長對我們的來訪非常重視，親自設宴為我們接風。盛大的宴會上，山東省電力局、計委、外資委等部門的領導頻頻祝酒，表示全力配合我們推動項目融資，為發展山東的電力事業做出貢獻。

山東省電力局果然雷厲風行，只開了一天的研討會，商議了半天，就和我們簽署了意向書。三天的日程提前完成，他們興奮地把剩餘的時間安排去遊覽孔子的故鄉曲阜，弘揚中華文化。

然而，長期購電保障和投資者的保底回報涉及到上網電價、外匯管制等問題，需要發改委、物價局、外匯管理局、商務廳等多個部門同意，難度極大。我們兵分兩路，張曉彬負責政府部門的攻關，高盛、百富勤和畢馬威的團隊在山東電力局和電廠負責財務分析、盡職調查和具體合同，做了大量工作，但還是卡在最後審批階段。

我們見李超人的時候，上網電價和投資回報率的保障仍然沒有落實。他聽了我們的解釋，笑著說：等你們談判明朗了，我們再談。

李先生的預見沒有錯。我們在山東電廠項目上耗費了一年的時間和大量的精力，到頭來還是拿不到融資的基本條件，只得放棄。電力部不好意思讓我們白幹，建議我們改推山東電力公司整體上市，於是高盛、百富勤、畢馬威等原班人馬轉為上市的中介團隊。

若干年後，到山東電力公司成功登陸香港股市的時候，我和二飛早已離開了高盛。

轉回私募投資

在內地改革開放如火如荼的環境下，高盛的中國團隊迅速壯大，吸引了一批從美國、中國台灣、香港和大陸等地加入的精英，展開為中國政府和國有企業做債務評級、民意企業發行債券和股票、協助跨國公司合資或獨資進入大陸市場、為高速公路和其他基礎設施做項目融資等業務。看到中國市場的巨大潛力，美國老牌投行史密斯巴尼（Smith Barney，後來被摩根士丹利收購）也衝進亞洲，把二飛挖去做亞太區總管，中國團隊暫時由企業融資部的合夥人彼得代管。1993 年底，彼得兌現了當初的承諾，把我越級提升為執行董事。再上一級就是合夥人。

成為合夥人是高盛專業人員的夢想，因為這個職位高居公司金字塔的頂端。高盛的合夥人每兩年甄選一次，其過程嚴格保密，每個候選人都要經過多輪甄選才會被接納為合夥人。即使當上了合夥人，如果對公司的利潤貢獻不夠，也很難穩居寶座。

投行是高度緊張的腦力勞動。每個員工都要同時兼顧幾個項目，而且所涉及的行業和產品截然不同，需要快速學習、快速進入狀況、快速出成果，平常熬夜、周末加班、連續出差是家常便飯。

當然，這樣辛苦的工作，換來的薪酬也遠高於其他行業：大學剛畢業入職是分析師（analyst），起薪近 10 萬美元，以後每年平均漲薪 10 萬美元，三年後升為協理（associate）年薪近 30 萬美元，比同齡人高很多。不過，投行為了壓低固定成本，給員工的底薪只是薪酬總額一小部分，年終獎金則是底薪的一倍甚至數倍，根據公司的盈利狀況和員工的具體表現來決定。

對於投行員工來說，年終獎金既是一年辛苦的酬勞，也是公司對自己評價的反映，每到年底，投行人員之間最熱門的話題就是今年獎金的額度。高盛每年 11 月底告知員工獎金，是大行中最早的一家，也是投行界員工的風向標。每年獎金一公佈，“幾家歡樂幾家愁”，失望者往往考慮另謀高就。

獎金頒發後的幾個月是獵頭公司挖人的高峰期，其中最活躍的是印度裔的老牌獵頭蘭詹・馬爾瓦（Ranjan Marwah）。他身高一米九，面色黝黑，早年從印度移民香港，創辦了獵頭公司哲達人才（Executive Access），專門幫助大型金融機構挖人，我這樣的人自然是他的獵物。

1994 年初，正是蘭詹大顯身手的時候。他不知怎麼找到了我的聯繫方式，約好在香港文華酒店的扒房[1]吃午飯。據說這家餐廳是獵頭的至愛，也是蘭詹喜歡的食府。他在餐廳裏開了一瓶酒，熱情地招呼我坐下，說："我早就聽說過你，你身邊的朋友我個個都熟。"

還沒等我回答，他就問我："你知道為什麼會有獵頭存在嗎？"

"不清楚。" 我回答。

蘭詹認真地說："獵頭是僱員的後盾。通過獵頭，你能發現自己的市場價值，據此可以去和僱主叫板。"

我點點頭，等著蘭詹進入正題。他給我倒了酒，碰了一下杯，說："摩根士丹利在招聘北京辦事處的首席代表，不知你有沒有興趣？"

我問了一下細節，覺得這個工作主要是和各級政府保持聯絡，不是我喜歡的企業融資或者兼併收購，試圖婉言拒絕。

蘭詹不肯就此放棄，一定要我去見一下摩根士丹利的亞洲主席。俗話說，"吃了人家的嘴軟"，我不得不從命。

果然如我所料，見了摩根士丹利的主席，我對這個職位有了

1　指高檔法式餐廳。

更清楚的了解，覺得首席代表的工作並非我所擅長，我還是打電話給蘭詹，謝絕了這個機會。

他請我再去他的辦公室見一次面。

哲達人才公司位於中環太子大廈頂層。一進門，蘭詹就把我拉到照壁前，指著上面掛著的一幅巨型油畫，說："這上面畫的是我七口之家。身穿蒙古服裝、手執羊鞭的男人是我，後面是我的太太和五個孩子。獵頭工作是我養活這一家人的唯一收入來源，所以摩根的招聘任務對我很重要。你不想去摩根沒關係，能不能幫我一個忙，介紹個合適的人？"他把兩手一攤，做可憐狀。

推薦候選人聘用成功，獵頭能收取被聘者年薪的三分之一；如果不成，就白忙一陣，顆粒無收。蘭詹這麼一說，好像我欠了他似的，只好替他琢磨合適的人選。

想了一陣，朋友汪潮湧的名字跳出了我的腦海。汪潮湧 15 歲考入華中理工大學少年班，又上了清華大學的首屆 MBA，後來去美國大學深造，畢業後在債務評級公司標普（S&P）紐約辦公室工作。我推薦他後不久，摩根士丹利就宣佈汪潮湧就任它的北京首席代表。

1994 年是高盛動盪不安的一年。公司受美國利率驟升、墨西哥債券大跌的影響，出現了巨額虧損，總裁弗里德曼（Friedman）引咎辭職，由喬恩・科爾津（Jon Corzine）和亨利・保爾森（Henry Paulson）分別接任總裁和運營總監。他們為了降低成本，裁了近 25% 的員工，中國團隊也未能倖免。我對於自己親手幫助建立的團隊被砍感到痛心，同時開始審視自己的前途：該不該繼續做投行業務？要不要留在高盛？

投行是求人的活兒，無論是上市承銷、債務融資還是併購顧問，都要得到企業家的認可、政府主管部門的支持，還要和競爭對手拚搶，說服客戶聘用我們。爭搶項目時，不僅業務要過硬，方案做得漂亮，還要準備隨時"甩開馬蹄袖下跪"，放低身段，懇請客戶認可。好不容易搶到了項目，我們還需要研究部門推薦、市場追捧、銷售團隊下單，這些都不是投行部能控制的因素，所以我們的工作是否成功，不完全取決於我們自己的努力，這是我很不喜歡的地方。另外，投行的生意隨著資本市場的升降大起大落，市場好時忙得不可開交，市場淡時縮減開支和人員，很難保持團隊穩定。

基於這些考慮，我決定向彼得提出離開投行部。他理解我的想法，建議我不要離開高盛，而是在公司內部調動，可以選擇股票市場部（ECM[1]）、債券市場部（DCM[2]）或直接投資部（PIA[3]）。我來高盛之前做的就是 LBO，即直接投資，自然選擇了去 PIA。

PIA 是高盛在 1986 年成立的部門，創立者里奇・弗里德曼是當時高盛最年輕的合夥人，他主導投資了一批優秀的美國企業，成績斐然。1994 年，PIA 進軍亞洲，由東京調來香港的副總裁亨利・康奈爾（Henry Cornell）負責。康奈爾律師出身，聰明能幹，主抓團隊建設和管理。我加入前後，PIA 亞洲又吸納了林夏如、楊向東、楊志中、王兟等同事做大中華地區的投資。康奈爾心目中的理想標的是有規模、有利潤、有品牌、高增長的企業，但即使我們在中國找到了這樣的企業，也很難接受財務投

1 Equity Capital Market。
2 Debt Capital Market。
3 Principal Investment Area。

資者入股。我和幾位同事按照康奈爾的標準接觸了不少知名企業，包括梅林集團、大白兔奶糖、愛建集團、電氣集團、梅龍鎮、三槍集團、杭州蕭山機場、張小泉剪刀等等，但由於各種原因都沒有談攏。

在我見過的企業中，杭州娃哈哈集團對高盛參與最有興趣。我去了一趟董事長宗慶後的辦公室，聽他講述娃哈哈過去的發展歷程和未來的規劃，覺得令人振奮，馬上回去向康奈爾彙報。

他聽到公司的名字，眼睛一亮："娃哈哈？這個品牌有意思！一聽就能聯想到小孩子開心的臉蛋，值得看看！"

一周後，宗慶後到香港出差，應我們的邀請到高盛辦公室和康奈爾見面，兩人相談甚歡。為了表示對客人的重視，康奈爾請他到家裏共進晚餐，讓我作陪。康奈爾住在香港山頂白加道的一套豪華公寓裏，客廳外面有一個碩大的陽台，俯瞰整個維多利亞港，家裏陳設著各種藝術品和古董，擺得琳琅滿目，像個小型博物館。康奈爾和宗慶後雖然語言不通，要通過我的同事翻譯來交流，但似乎談得很愉快，席間倆人頻頻舉杯，預祝合作成功。

不過，我們剛一開始談具體投資框架，矛盾就暴露出來了：宗慶後提出，高盛可以和他的娃哈哈集團下屬企業合資，但"娃哈哈"品牌仍然歸集團擁有，授權合資企業使用，而高盛堅持投資實體必須擁有品牌。雙方在這個關鍵問題上談不攏，只好作罷。談判沒有深入。

過了不久，我們聽說百富勤證券公司、法國達能集團和娃哈哈集團共同組建合資公司，外資佔 51%，娃哈哈佔 49%。1997 年，亞洲金融危機爆發，百富勤證券破產，把在娃哈哈的股份賣給了達能。此後，達能控股的合資公司推出了兒童口服液、純淨水等一系列產品，公司的產值提升到 120 多億元。2006 年，達能指責宗慶後在合資公司以外成立了一批企業，“未經授權使用娃哈哈品牌以及原產品配方，進行大量的生產銷售活動”，構成“公然違背雙方合作協議”的行為，因此在多國起訴宗慶後。雙方展開了 29 宗法庭訴訟大戰，達能試圖和解，提議以 200 億人民幣把它 51% 的股份賣給娃哈哈，但被宗慶後一口回絕。達能在法庭訴訟和運營管理上都未能佔上風，最後只得以 30 億人民幣的價格將股份賣給娃哈哈。宗慶後是個經商高手，回購股權後把娃哈哈的品牌、銷售和利潤都推到了新的高峰，自己也成為中國首富。

3

第三章

選擇與取捨

人的職業生涯中總會遇到各種機會和選擇。如果每個機會都稱心如意，選擇就很簡單；但如果面前的機會要付出代價、承擔風險，選擇就很難。我從 18 歲起，每過幾年就會碰到機會，而每次都不盡如意，要做出取捨，尤其是在級別、薪酬、待遇等切身利益方面，更加難做決定。

在取捨面前，我有三個應對方法：首先是把眼前的利益和未來的前景做比較，看看是不是值得吃點眼前虧，博得未來福，即所謂“吃小虧，佔大便宜”；二是隨自己的心走，如果不喜歡一個工作崗位，待遇再好，也不值得委曲求全；三是如果權衡二者，還是沒辦法選擇，就順其自然，走一步看一步。

新來的小夥子

在高盛減員的那年，一家美國老牌私募基金公司沃伯克·平克斯公司（E.M.Warburg Pincus&Co.）悄然進入香港。這家公司的淵源可以追溯到 16 世紀德國漢堡的沃泊格猶太家族：1939 年，埃里克·沃伯克（Eric Warburg）為躲避第二次世界大戰（簡稱二戰）跑到美國紐約，註冊了沃伯克公司（E.M.Warburg&Co.），主營投資銀行業務。沒過幾年，二戰結束，埃里克回漢堡接掌家族銀行，紐約公司處於停滯狀態。1966 年，沃伯克家族的朋友利昂內爾·平克斯（Lionel Pincus）把自己的諮詢公司並入沃泊格。

平克斯的父母是來自俄羅斯和波蘭的猶太移民，在美國費城經營服裝零售和房地產，家道殷實。兒子學業有成，從哥倫比亞商學院畢業後加入投資銀行，29 歲就當上了合夥人，幾年後辭職創業。

平克斯邀請另一位猶太年輕人約翰·佛格斯坦（John Vogelstein）加盟，成為佔股 25% 的股東。佛格斯坦絕頂聰明，哈佛大學二年級時輟學，加入英國著名投資銀行拉扎德公司（Lazard Freres），因為業績出色，未滿 30 歲成為合夥人。

平克斯和佛格斯坦配合默契，成了最佳搭檔。平克斯主外，在猶太富商圈裏募集資金，佛格斯坦主內，負責投資和內部管理。剛起步時，公司缺乏資金，他們一邊做財務顧問，一邊尋找投資機會，碰到優秀企業就談好投資條款，然後找朋友們募資入股。他們倆眼光銳利，投資的項目回報都相當不錯，公司逐漸擴張，又招募了兩個猶太人：哥倫比亞大學的法學博士悉尼·拉皮德斯（Sidney Lapidus）和哈佛商學院的 MBA 克里斯・布羅迪（Chris Brody）。

猶太人精通金融，以猶太姓氏冠名的投資銀行比比皆是，如庫恩・勒布（Kuhn Loeb）、雷曼、高盛、所羅門、奧本海默等，他們從投行擴展到在創業投資、私募基金（private equity，簡稱 PE）和對沖基金（hedge fund），也成為新領域的佼佼者，其中包括凱鵬（Kleiner Perkins）的創始人、薩特希（Sutter Hill Ventures）的威廉・亨利・德雷珀、黑石的蘇世民、KKR 的亨利・克拉維斯、阿波羅的利昂・布萊克、凱雷的大衛・魯賓斯坦等。

平克斯和佛格斯坦的投資雖然做得非常成功，但總覺得找到項目以後再去募資，在各方面都受到掣肘，於是決定募集由他們掌控的"盲池"（blind pool）基金。1971 年，他們成功募集了第一隻基金，總金額 4100 萬美元。此後 20 年，沃伯克・平克斯的歷隻基金屢創新高：1980 年超過 1 億美元，1986 年突破 11 億美元，1994 年衝上 20 億美元，連續刷新美國單隻創投基金的融資紀錄。

與此同時，以併購（buyout）為主要投資模式的私募基金，如 KKR、黑石、Forstmann Little、Clayton Dubilier、Welsh Carson 等迅速崛起，新項目的競爭也日益激烈。佛格斯坦意識到歐洲和亞洲將是 PE 爭奪的下一個戰場，作為美國創業投資的先行者，沃伯克・平克斯必須提早佈局。

弗格斯坦首先瞄準歐洲，在倫敦設立了分公司，募集了一隻規模 20 億美元、與美國主基金的共同投資的平行基金來打開歐洲市場。他的下一個目標是亞洲，為此他請來幾位亞洲專家共同商討，其中包括哈佛大學的傅高義、布魯金斯學會資深研究員尼克·拉迪、美國中央情報局前局長約翰·馬克·多伊奇等。他們一致認為，亞洲人口最多，經濟增長最快，同時也最缺乏資本，私募基金大有可為。

佛格斯坦下決心進軍亞洲，年僅 28 歲的猶太合夥人查爾斯·凱〔Charles Kaye，昵稱奇普（Chip）〕被他欽點去開創亞洲市場。奇普在得克薩斯大學讀書期間曾經背包去中國旅遊過，大學一畢業就進了沃伯克，先後在高科技、醫療健康和綜合投資三個部門工作了八年，非常熟悉公司的情況。在比較了幾個亞洲城市以後，他決定把橋頭堡設在香港。

1994 年 10 月，奇普舉家離開紐約，在等待載有他全家用品的貨櫃海運到香港的期間，先去印尼的巴厘島度假。他一邊在陽光沙灘上休憩，一邊閱讀各種研究報告、思考如何開拓亞洲市場。兩周後，奇普確定了他的主攻方向：印度和中國這兩個人口最多的市場。

奇普搬進了半山的一套公寓，在中環聖·喬治大廈 12 樓租下 4000 英尺的辦公區域，讓秘書按廣東話的發音給自己起了個中文名字："紀傑"。在他準備招兵買馬的時候，蘭詹·馬爾瓦出現了。

在香港的獵頭中，蘭詹的眼光最為犀利，他的三寸不爛之舌也最有說服力。紀傑剛同意聘他做獵頭不久，他就先瞄準印度市場，向紀傑推薦當時在國際金融公司（IFC）泰國辦事處工作的達利普·帕塔克（Dalip Pathak）。帕塔克生長在印度，在沃頓商學院獲得 MBA 學位後在美國化學銀行歷練多年，對亞洲和印度的情況也很熟悉。

紀傑很欣賞達利普，讓他去紐約見完高層就聘用了他。接下來，蘭詹把視線轉向了中國。11 月的一天，蘭詹打電話給我，開門見山地說："你還好吧？上次你不想跳槽有你的理由，不過，香港有一個新來的小夥子（new kid on the block）你應該見一下，保證你不會後悔。"

幾天後，我按照蘭詹的安排，走進中環的麗思卡爾頓酒店大堂。沙發上站起來一個中等個子、臉上還帶著幾分稚氣的年輕人，走過來和我握手，說："你是孫強吧？我是紀傑，早就聽別人說起過你。"

紀傑人很平和，像和朋友聊天一樣地問我來香港多久、工作感覺如何，也自我介紹了情況，順便講了沃伯克·平克斯公司在亞洲的發展計劃，重點放在印度和中國。他說，印度合夥人已經到位，就缺一個願意一起開闢中國市場的人才，不知我有沒有興趣。

我對他的公司一無所知，問：沃伯克的特點是什麼？

紀傑回答：我們公司管理扁平，沒有投決會，所以決策程序簡單。還有投資形式靈活，股權比例、企業大小都可以考慮，關鍵是要幫助被投公司實現利潤和價值增長。

他說的投資靈活、決策簡單、管理扁平這幾點，一下子說到我心坎裏去了。高盛的待遇、名氣和工作環境都很好，唯獨決策中心在紐約，投決會的成員對中國又不了解，很難做成項目。中國企業目前的發展階段正需要沃伯克擅長的有靈活度的投資，如果真的像紀傑說的那樣，管理寬鬆、做事靈活，也許能讓我有用武之地。

第一次見面，我們雙方都有好印象。紀傑又約我聊了一次，接著就邀請我飛到紐約去見沃伯克的高層。

降薪跳槽

沃伯克的總部在曼哈頓中城公園大道 460 號，緊挨著紐約中央火車站。進了公司，在創始人平克斯的會客室，一位身材高大、一頭白髮的老人神采奕奕地過來和我握手，把我讓到沙發上坐下。他沒有問我問題，而是給我講述公司的歷史和他做過的幾個投資項目，尤其是如何把美國梅隆銀行和美泰玩具公司這兩家公司從破產邊緣拯救回來的案例。聽他娓娓道來，一個小時過去了，我覺得不像是在面試，而是聽了一堂私募投資的講座。

接下來見的是公司其他幾位管理委員會（管委會，相當於董事會）成員。他們為人謙和，交談中先介紹他們自己的經歷和在沃伯克工作的感受，好像在說服我加入公司。中午，佛格斯坦和另一位管委會成員布羅迪請我在公司隔壁的四季餐廳吃飯。

這家餐廳與四季酒店同名，是紐約政商界和藝術界的名流經常光顧的食府。走進餐廳，經理引我到一個角落的餐桌前坐下，佛格斯坦站起來，笑容滿面地和我握手。他身材微胖，滿頭銀髮，說話帶著一種威嚴。他顯然是這裏的常客，旁邊幾桌的客人見到他都點頭示意。

午餐吃了兩個多小時，聊的話題很廣，從我的成長經歷到中國的改革開放，從民營企業的崛起和融資需求到私募投資能為他們帶來的價值，等等。佛格斯坦對我的表現似乎十分滿意，午餐後在餐廳門口道別時，他握著我的手說："希望你能加入我們公司。"

下午面試時，我問了其他資深合夥人對佛格斯坦的看法。大家都說，佛格斯坦聰明犀利，是他們的引路人和導師，追隨他到天涯海角也心甘情願。

回到香港，紀傑約我到辦公室見面。

從高盛所在的花旗銀行大廈走到聖・喬治大廈只需要 7 分鐘，但風格迥異：花旗是高聳入雲的大廈，莊嚴華貴；聖・喬治是一棟 20 層的舊樓，大堂裏光線暗淡，發黃的大理石裝飾顯得陳舊。紀傑帶我到 12 層的辦公區轉了一圈，指著一間空著的辦公室說："這就是你未來辦公的地方。"

這個房間十分寬敞，有一張碩大的辦公桌、一個會議圓桌周圍放了四把椅子，靠牆還有一套三人沙發，窗外是一個三米寬的露台，綠草環繞的小魚池裏，十幾尾金魚在水中悠然自得地游弋。

紀傑讓我在沙發上坐下，開口道："我代表公司正式給你 offer：聘請你擔任董事總經理，年薪 20 萬美元，加上 20% 的年終獎金和適當的住房補貼。如果你正常發揮，一年後應該可以有機會提升為合夥人。"

這個 offer 比我想像的要差很多。首先是待遇：基本工資雖然高了，但年終獎金比高盛低起碼一半，失去了孩子上私立學校的補貼和回美國的來回機票等福利；其次是級別，雖然對外號稱董事總經理，比我在高盛的副總裁高一級，但內部離合夥人最少還有一年時間，而且有不確定性。

走出聖・喬治大廈，我有些茫然。我其實不介意離開近萬名員工、管理架構嚴密的跨國公司高盛，加入只有 60 多名員工、彙報層級扁平的沃伯克，也很喜歡這家精品投資公司的風格和投資理念以及佛格斯坦和紀傑的領導能力。加入他們，我能發揮自己的特長，在中國開創一片新天地，不過紀傑給我的 offer 意味著我必須捨棄職稱、薪酬和待遇方面的利益。

當面臨兩難的選擇時，我會把兩者的利弊寫下來比較：論名氣，高盛享譽全球，沃伯克只是小有建樹；論待遇，新工作的獎金和福利和高盛相距甚遠；級別兩邊相當，不過在高盛提合夥人的概率較低，而去沃伯克升合夥人很有希望，只是時間問題。做投資，高盛流程長、審批難度大；沃伯克結構扁平、決策簡單，容易出成績。

一比較，就看清了選擇的關鍵：如果看工作和機遇，肯定選擇沃伯克；但如果看眼前的薪酬和福利，留在高盛更加舒適穩當。去沃伯克賭的是我能發揮自己的特長做出成績，提升合夥人，拿到分紅、積累財富。

我必須做出取捨。思前想後，我對自己說："捨不得孩子套不住狼"，隨著直覺走，眼前的損失只當是對未來的投資，別猶豫了。

決心已下，我找秘書約了高盛亞太區總裁邁克爾・埃文斯見面。

兩天後，我走進他的辦公室。寬敞的房間裏，透過巨大的落地窗，我能遠望維港風景，但他聽了風水先生的建議，半關著窗簾，台燈常開。

在略顯昏暗的燈光下，我把事先寫好的辭呈交給埃文斯。他看了，眉頭緊皺，問我："你要走？準備加入哪家公司？"

我回答："沃伯克・平克斯。"

他鼻子裏哼了一聲："哦，去這麼小的公司，是為了升職漲工資吧！"

我心裏不悅："你可能想不到，我接受的 offer 比高盛薪酬低很多。”

“真的嗎？你可要想清楚：再過十年，高盛肯定還會在亞洲，這家公司就很難說了。”

我無語了，起身告辭。

接下來的幾天，高盛亞洲的幾個合夥人都找我談話，試圖勸我留下。我雖然謝絕，但心裏也有點打鼓：萬一沃伯克一年後真的撤離亞洲，我豈不是兩頭落空？

我去找紀傑，要求公司給我書面承諾：如果沃伯克退出中國，將補償我一年的工資。他笑了笑，答應去請示佛格斯坦。

離開高盛的前一天，我意外接到了一個電話，是芝加哥打來的，當地時間早晨5點。話筒裏傳來一個略帶沙啞的聲音：“我是亨利·保爾森。聽說你要離開高盛？有什麼我能做的，能讓你留下？”

沒想到，我這點小事還驚動了投資銀行部的大老闆！我愣了一下，說：“非常感謝您親自來電話，但我已經做了決定。”

保爾森說：“明白。你為高盛做過貢獻，任何時候想回來，高盛的大門都向你敞開。”

短短幾句話，說得我從心底覺得溫暖。保爾森處理問題大氣、爽快，後來升任高盛董事長和美國財政部部長，絕非偶然。

“華平”的來歷

從投資銀行離職，通常都要休六個月的“園藝假”（garden leave），以防泄密或帶走客戶。因為我加入的不是競爭對手，而是潛在客戶，高盛同意免去園藝假。不過，我已經幾年沒有休過長假，還是利用辭職後的兩周去歐洲旅遊了一圈。

1995 年 6 月 1 日，我正式加入沃伯克．平克斯。入職後，我給自己的第一個任務是為公司起個中文名字。做過翻譯的人都知道，譯名可以音譯，也可以意譯，如“百事可樂”是 Pepsi Cola 的音譯，“通用汽車”是 General Motors 的意譯。沃伯克．平克斯（Warburg Pincus）由兩個猶太姓氏組成，很難意譯，但音譯“沃伯克．平克斯”唸起來很彆扭。我想了一陣，決定在兩個姓氏裏各取第一個音，組成“華平”。這個本土化的譯名，易讀易記，後來成為中國私募投資的知名品牌。

早年的華平提倡“學徒制”，因為佛格斯坦認為投資是藝術、不是科學，最好的學習方法是跟著師傅做“學徒”，邊幹邊學。進公司後的第二周，我飛到紐約，開始我的學徒之旅。跟著科技部的比爾．晉威（Bill Janeway）去加州給我的印象最深。我們下飛機就租了一輛車，直奔硅谷，他一路開車，一路打電話，空下來才和我講話，介紹我們要見的公司和創業者的背景，以及公司面臨的問題和與他們要談的話題。

華平投資了一家軟件公司叫 Maxis，它出品的“Sim City”電腦遊戲極受歡迎，但創始人 Will Wright 很不成熟，處理事情是孩子脾氣，公司內部管理亂成一團。晉威說服了 Will 請來一位職業經理人，可是兩個人矛盾很大。我旁聽了比爾和 Will

兩個小時的談話，十分佩服比爾的耐心和説服創始人的方法，有點像家長和孩子講道理。Maxis 最終被美國大型遊戲公司 Electronic Arts 收購，是比爾的一個成功案例。

兩周風塵僕僕的旅程，比爾和另外兩位合夥人帶著我接觸了不少創業者、科學家、投資人和律師，看到了幾位華平老將的運作方式，收穫不淺。從加州回到紐約，晉威熱情地請我去他在紐約郊區的莊園共度周末。

這所莊園佔地 40 多公頃（相當於 600 多畝），在卡茨基爾山脈深處，離曼哈頓一個半小時車程。進了鐵閘門，一條蜿蜒的山路把我帶到茂密樹林中的一幢別墅前。比爾夫婦一般周末和假日來這裏修心養性，也喜歡招待客人。他倆都是學者出身，酷愛歷史和經濟，又極其健談，有的訪客不習慣沒完沒了地聊天，方圓幾十公里內又荒無人煙，不免煩躁。據説公司有一位合夥人去晉威家度周末，連續聊了兩天後急於離開，走到車前發現鑰匙鎖在車裏，他連一分鐘都不願意等，抓起一塊石頭砸破玻璃，開著車就飛也似的逃出莊園。

我回香港之前，佛格斯坦也邀請我去他在康涅狄格州近郊的莊園吃烤肉。從曼哈頓乘 40 分鐘的火車，我到了康州的車站，開車來接我的竟然是佛格斯坦本人。他身為億萬富翁，但自己幹很多家務事，不僅在室外燒烤爐邊為客人翻烤漢堡包，還把飯後的垃圾拿去倒掉，讓我從心底裏佩服，尤其是參觀了他近百英畝的莊園、騎馬練習場、綠樹成蔭的果園、碧波蕩漾的泳池和氣派舒適的別墅以後。

飯後小酌之餘，佛格斯坦談了他的投資和管理心得。他認為投資是以少勝多的遊戲（a game of small numbers），基金只要

作者在華平創投北京代表處開幕酒會上致辭

投準了少數優秀的項目，就能保證整個基金的回報。事實上，華平歷年的基金都是頭五個項目貢獻了整隻基金 100%—120% 的回報。基金管理者應該把精力放在潛力最大的幾個項目上，平平庸庸的項目要果斷退出，儘快回籠資金。在公司內部的管理上，他有一個"繃琴弦"的理論：管理這根"弦"如果繃得過緊，員工被束縛住了，會失去積極主動性；繃得過鬆，公司會亂，像一盤散沙，沒有戰鬥力。坐在涼風習習的泳池邊，聽這位投資身經百戰的智者的諄諄教導，真是"與君一席話，勝讀十年書"。

第二天臨走前，佛格斯坦問我還有什麼要求。我猶豫了一陣，還是把心裏的一個結抖了出來："我不知道該不該提一下獎金的事。我六月初從高盛辭職，上半年的獎金肯定沒有了。下半年到了華平，即使有獎金，也只是半年工資的 20%。這個損失，您能考慮部分補償嗎？”

佛格斯坦反問：“你是說，我要為你前半年在高盛的工作買單？”

一句話噎得我無言以對。他看著我的窘樣，揮了揮手：“好，我知道了。”

到了年底，我意外地發現，我的獎金比預計的 20% 高了一倍。儘管離高盛的獎金還差很多，佛格斯坦的關照依然讓我十分感激。

4

第四章

開創"對賭"第一案；創新者的窘境

在私募投資過程中，最難的是現有股東和投資者在投資估值和條款上達成一致。股東和投資者都會要求估值公平合理，而業界公認合理估值的方式是未來現金流折現和類比公司市盈率（P/E）兩種模式。

這兩種模式都要依靠對於企業未來銷售和利潤的預測，恰恰在這個方面，企業和投資者容易產生分歧。傳統企業預測未來的銷售和利潤相對簡單，雙方只需對預測數據和估值的倍數統一看法即可；但這個估值方法對於還處於虧損階段、甚至連銷售額都沒有的互聯網或者新興醫藥企業就完全用不上；這樣的企業即便有銷售和利潤，也會因為火箭般增長而難以預測。

在評估這類企業的財務預測時，創始人趨於激進，投資者偏向保守，由此產生估值上的分歧，變成“零和博弈”，談判陷入僵局。

這就是我在投資亞信時遇到的情況。

“互聯網管道工”

20 世紀 90 年代初，一位得克薩斯理工大學的生態環保博士生迷上了互聯網。他寫了一篇題為《美國信息高速公路計劃對中國現代化的意義》的文章，發表在《光明日報》上；另一位在加州大學洛杉磯分校攻讀計算機碩士的留學生也對互聯網頗有研究，還和斯坦福大學的一位教授聯合發表過一篇名為《中國互聯網學術網絡研究》的專題論文。

這兩個學生是田溯寧和丁健。1993 年，在休斯敦經商的美籍華人劉耀倫先生 50 萬美元的資助下，他們創立了亞信（AsiaInfo），起初的業務是中美之間的新聞傳遞，後來轉型從事互聯網的系統集成。當時中國的互聯網剛剛起步，亞信和美國 Sprint 公司聯手，協助中國電信在北京、上海安裝了兩個互聯網測試節點，由 Sprint 提供設備，亞信做系統集成，即項目的執行方，負責將設備和軟件組合安裝、調試運行無誤後交付客戶使用。

這個項目一炮打響後，其他集成項目接踵而來。亞信急需技術人員和流動資金，向萬通美國公司融資 25 萬美元，還吸引了馬里蘭大學的博士生劉亞東加入亞信。

此後亞信參加了多個項目的競標，連續拿下中國電信 ChinaNet、中國聯通 CUNet、中國移動 CMNet、中國網通 CNCNet 等骨幹網工程的系統集成項目。系統集成企業在項目中標時要繳納保證金，執行過程只能按項目的進展收費，完工驗收後幾個月才能收到全款，由此流動資金壓力很大。亞信的快速發展使它的資金需求擴大，田溯寧花費了很大的精力對外融資。

這時，一個從美國回來的留學生出現在亞信。他叫馮波，一米八四的瘦高個子，濃眉大眼，留著小平頭，一臉精幹。馮波成長於上海，大學在美國舊金山攻讀電影導演專業，但後來轉做金融，此時在投資銀行羅伯遜·斯蒂芬斯（Robertson Stephens）任職，穿梭於硅谷和北京、上海之間，為中國早期湧現的互聯網企業融資穿針引線。

馮波性格開朗，為人爽快，很快就和田溯寧、丁健等人結為好友，並說服亞信聘請羅伯遜·斯蒂芬斯擔任財務顧問。馮波幫助田溯寧安排去硅谷和香港，遍訪創投和私募基金，華平也在名單上。

約好和我見面那天中午，馮波和田溯寧提早來到聖·喬治大廈，在大堂匆匆嚥下漢堡包，接著來到 12 層華平的辦公室。

那是我第一次見到溯寧。他個子不高，面相敦實，說話感染力很強，一談起中國互聯網的增長就興奮不已，兩眼發光。我到現在還記得他信心滿滿的一番話：互聯網是一個百年不遇的機會，亞信有互聯網系統集成經驗和人才，有試點項目的執行經驗，加上和郵電部門的緊密關係，如果有資本的支持，一定能成長為實力雄厚的科技公司。

這番慷慨激昂的話打動了我。我問：你想找什麼樣的投資人？

溯寧說，他理想的投資人既要懂高科技，又要了解中國的國情，可是他見過的美國創投基金精通高科技，對卻中國十分陌生，香港地區的基金熟悉中國，但對高科技和互聯網一無所知。前幾天他向一位香港投資人介紹亞信，對方聽完，點點頭說："我懂了，你們幹的活就像管道工。"

"對賭"打破僵局

這個理解倒也沒錯。中國郵電部的宏偉規劃是逐步將互聯網的骨幹網鋪向全國，亞信作為系統集成商把設備和軟件連在一起，讓信息像在水管裏一樣暢通無阻地流動，確實起到了管道工的作用。

一周後，我飛到北京，去海淀區魏公村的亞信考察這家管道公司。下了飛機，我直奔母校北京外國語學院對面的一幢小高樓。走進亞信簡陋的辦公室，一群年輕員工在電腦和圖紙前忙碌，空中洋溢著一股創業的熱情。

馮波把我引到一間會議室，一一介紹了亞信的核心團隊。溯寧和他的同事把整個公司的組織架構、人員情況、項目概覽和未來兩三年的展望全面過了一遍，然後單獨讓我、馮波和亞東去他的辦公室，討論融資方案。

馮波說，公司計劃發行 10% 的新股，融資 1000 萬美元。

我說，1000 萬美元佔 10%，投前估值就是 9000 萬美元。你們是根據什麼算出來的？

馮波解釋："這很簡單。公司預測明年利潤 900 萬美元，乘上 10 倍市盈率，就得出了 9000 萬的估值。按照亞信的增長速度，10 倍的市盈率並不高。”

“市盈率確實還算合理。可是，預測的 900 萬美元利潤能達到嗎？”

亞東瞥了我一眼，說：“當然啦！郵電部的全國鋪設骨幹網的計劃我們都很清楚，只要把他們的計劃轉換成我們的銷售和利潤就行啦。”

我覺得沒那麼簡單：“你們有財務預測模型來支持這些數據嗎？”

他聳了聳肩，說：“什麼模型？我們沒有。”

我向他解釋：投資人必須拿到詳細的財務預測，最好是 Excel 的模型，才能認可公司期望的估值。

“這個我們真沒有做過，也沒有人會做。”

我說：“就算不是為了融資，你們也應該有對未來銷售和成本的預測。如果你們實在不會做，我派人來幫你們？”

亞東笑了：“好，免費給我們打工，歡迎。”

我向華平總部彙報了亞信的情況，幾個資深合夥人都很感興趣，表示願意派人過來支持我們的盡職調查。紐約科技部的比爾那裏剛好有一位哈佛大學法學院的華人暑期實習生，就把他派來北京幫忙。這個學生名叫祖文萃，曾經在貝爾實驗室當過軟件工程師，此時在哈佛攻讀 MBA 和法學博士雙學位。他一頭扎進亞信，收集了大量數據，梳理了各大項目的合同銷售額和預計成本，但在編製財務模型方面還缺乏經驗。

這時比爾又派來兩個援兵：一直專注軟件投資的同事約瑟夫・藍迪和卡里・戴維斯。他們倆從紐約飛到北京，下榻在西郊的友誼賓館，每天和祖文萃一起去亞信幹活。幾天下來，他們對於亞信的系統集成工程有了更深入的了解：每個項目都有採購設備、編寫程式、調試運行的過程，客戶不時修改參數和標準，在執行過程中管理稍有不慎就會出現成本失控的情況。由於亞信的合同規定比較鬆散，成本控制不嚴，仔細測算後得出的利潤和公司自己自上而下的估算相差較遠。

1996 年的北京，酒店和餐廳相當簡陋。一天工作結束後，祖文萃請兩位老外在紫竹院的一家中餐廳吃晚飯。剛坐下來，生性膽小的卡里・戴維斯突然間看見一隻碩大的老鼠“嗖”的一下在他眼前竄過，嚇得尖叫起來，縮起兩腿，戰戰兢兢地盤腿坐在椅子上，就這樣一動不動地吃完了飯，留下了華平團隊令人津津樂道的一件北京軼事。

在藍迪和卡里的幫助下，祖文萃完成了一個詳細的三年財務模型。從這個預測可以看出，亞信未來的年平均利潤在 200 萬到 300 萬美元左右，如果乘上 10 倍的市盈率，投前估值應該是 2000 萬到 3000 萬美元，離亞信 9000 萬美元的要價相差很遠。

經過內部討論，我向亞信提交了一份投資條款概要（term sheet），建議華平投資 1000 萬美元，佔 25% 股份，投前估值 3000 萬美元。

溯寧對我的建議十分失望。他已經收到了兩份意向書，投前估值都比華平高，只不過金額沒有達到他的要求。他讓亞東和我繼續接觸，爭取說服華平提高估值。

亞東對我展開了一場攻心戰。他多次約我開會、吃飯，用各種理由和我辯論，硬要我接受他對公司的樂觀預測，磨得我失去了耐心，直接去了機場。但他還不放棄，接著仍然約我再談。

談判沒有進展，馮波十分著急。他選了一天晚上安排我和溯寧、丁健、亞東見面，在一家會所訂了一個單間，約好了談不出結果來，誰也不許走。

丁健剛從美國回來，還有時差。他們幾個人輪番上陣，用各種理由試圖說服我接受他們的觀點：互聯網的前景無限，亞信的市場地位穩固，絕對值 9000 萬美元。我還是堅持我的看法：投資者要平衡增長和風險，如果我們接受了 9000 萬美元的估值，亞信完不成利潤指標，我們豈不是吃個啞巴虧？

我們都明白對方的思路，就是沒辦法走到一起去。在那個包間裏聊了幾個小時，還是僵持不下。這時我突然想到一個主意：既然他們那麼有信心達到 900 萬美元的利潤，為什麼不讓為利潤擔保呢？如果完成了 900 萬的利潤，我們就認可 9000 萬的估值，雙方皆大歡喜；如果完不成，就把估值和利潤掛鉤，完成多少利潤，乘上固定的市盈率，算出的估值是多少就是多少。我和他們舉了個例子：如果實際利潤是 800 萬，乘以 10 倍，估值就是 8000 萬，700 萬就是 7000 萬，以此類推。

聽了我的想法，他們覺得是條出路，讓我拿一個書面方案來再議。這時已是凌晨，總算談出了個結果，大家滿臉倦意地握手道別。

回到香港，我和律師商量了一通，寫出了一個書面方案：華平採用可轉換優先股的形式投資，初始轉股估值 9000 萬美元，一年後按審計利潤乘以 10 倍來調整，上下均不封頂。

這個方案得到了亞信和馮波的認可，但有三條改動：一是估值的基準改為現金流和銷售額的加權平均數，避免偏重利潤而忽視增長；二是調整期延長到兩年，如果第一年沒有達到，差額可以來年追補；三是無論利潤實際完成多少，估值下限不能低於3000 萬。

我們據此達成了修改方案。

在華平內部報批時，科技部的主管比爾對這個方案不以為然，說它給管理層反向激勵，即使因為調整估值我們提高了股份，但公司的利潤少了，還是於事無補。我提出不同看法：如果我們看好中國互聯網和亞信的前景，只是在估值上卡殼，我的方案把估值和利潤掛鉤，能夠讓公司對自己的預測負責，保護投資人的利益，有什麼不好呢？

這個觀點說服了比爾和其他合夥人，不過溯寧又微調了投資方案：為了讓另外兩家基金也參與投資，他把融資規模擴大到 1800 萬，華平領投 1000 萬，中國創業（ChinaVest）和富達（Fidelity）分別跟投 600 萬和 200 萬美元。按初始轉股估值的

1996 年 12 月亞信簽約合影：孫強（作者）、田溯寧、丹尼爾．奧爾巴克（富達）、莫妮克．劉（中國創業）

9000 萬美元計算，三家合佔 18%；但如果亞信利潤不達標，估值調整到最低線，投資者的佔比將調高到 36%。亞信的董事會給三家基金一個席位，由華平派代表出任。

1997 年 12 月 28 日，亞信、華平、中國創業和富達的代表齊集在香港一家律師事務所，共同簽署投資協議。

這可能是國內最早出現的按業績調整估值的案例。六年後的 2003 年，摩根士丹利和鼎輝在投資蒙牛時採用與此類似的估值調整模式，後來被稱為和管理層"對賭"，成為私募投資者常用的方法。

"革命青年變成企業家"

在企業高管中，首席財務官（CFO，財務總監）至關重要。不論是在初創期、發展期，還是在上市階段，企業都需要嚴格的財務管理，包括現金流、資金使用、稅務結構、財務報表、員工激勵、兼併收購、資本運作等方方面面，都需要 CFO 牽頭。

優秀的 CFO 是稀缺人才，他（她）不僅要有很強的專業知識，還必須得到其他高官及股東的信任和支持，才能發揮作用。由於 CFO 薪酬較高，很多企業都是等到融資或上市時才聘請 CFO。其實，這樣做貌似節省了成本，卻在企業管理上造成缺失，容易影響企業下一步的發展。

私募基金十分重視被投企業的財務管理和上市融資，通常把聘請合格的 CFO 作為一個必要條款，寫入交易文件。

在投資亞信時，我們發現它在成本控制和資金管理方面有很大的缺陷，在投資協議裏把聘請 CFO 作為一條未竟事項。作為代表投資方的董事，我在投資完成後的頭等大事就是幫助公司尋找合適的 CFO。

為了省去聘請獵頭公司的前期費用，我私下找獵頭朋友郭學文幫忙，讓他把手頭現成的候選人簡歷先拿給我看，事成之後再付費。

郭學文給我的三份簡歷中，惠普中國區的首席財務官韓穎給我印象最深。她在北大荒下過鄉，在國企中海油做過財務，此時在惠普負責財務和人力資源，在中外企業的財務管理方面有十多年的經驗。

郭學文安排我見了韓穎。她談吐沉穩，對於企業內部建立財務管理流程和成本控制的制度一清二楚，唯一缺乏的是對外融資的經驗，但對於亞信現階段的需求，她是合適的人選。

我把韓穎引薦給溯寧和亞信的其他高管，他們都對她非常認可，希望說服她儘快加入亞信。韓穎在惠普中國待遇優厚，工作穩定且駕輕就熟，而亞信是一家創建不久的小公司，要花很大精力從頭建立財務管理部門，挑戰不小。溯寧花了很多時間去和韓穎交流，希望用科技報國的理想和熱忱去打動她，我從另一個角度去說服韓穎：在惠普，她已經到了升級的天花板，而在亞信，她能接觸對外融資，作為 CFO 把一家互聯網企業帶到國外上市，從中學到新的知識和技能。

溯寧和我的勸說打動了韓穎。1998 年 6 月，她告別服務了九年的惠普中國，正式加入亞信擔任 CFO。亞信在財務管理上確實問題繁多：缺乏標準銷售合同，應收款賬管理混亂，成本管控鬆散，財務報表不能準確即時發出，等等。韓穎一上任就招聘了兩個專業財務經理，幫助她建立一套嚴格財務管理制度。但她也意識到，要真正改善現狀，還得從高層做起。如果公司的高管只抓銷售，不明白銷售合同對後續成本和現金流的影響，下面的工作很難理順。韓穎說服了溯寧，準備給高層開一個基礎財務培訓班。

讓一群互聯網科技青年靜下心來學習管理可不容易。為了提高大家的興趣，韓穎選擇了一個來自瑞典的企業管理模擬遊戲。參與的學員分成幾個小組，模擬把一家新創立的企業從研發產品一直帶到打開銷路、穩定盈利。這個遊戲貌似簡單，但會碰到現金管理中的各種挑戰，一個環節注意不到，就會引發其他問題，甚至造成資金鏈斷裂，走向破產。

丁健回憶和溯寧等人一起培訓的經歷，十分感慨。他說，他是做技術出身，一看見資產負債表和數字就頭大，而韓穎卻專門分派他在小組裏管財務。起初，他和小組成員的信心都很高，可是模擬遊戲開始還沒多久，就發現出了問題，掰不回來。第一次遊戲失敗後，學員們回到房間，怎麼琢磨也不服氣，又推演了一遍，可是忙到凌晨 3 點，最終還是失敗了，這對大家的震動很大。

溯寧說："韓穎用了三天的時間，把我們這些革命青年變成了企業家。"

高管有了財務管理的意識和基本知識，韓穎的下一個工作是規範薪酬和激勵機制。華平團隊提供了一套員工薪酬體制的模板供她參考，協助亞信制定了按照績效指標（key performance indicators，KPI）管理員工薪酬的制度。

在互聯網企業快速發展的階段，期權方案是吸引和激勵員工的一個重要手段。這方面的經驗當時國內還十分欠缺，尤其是如何讓中國公民身分的員工合理合法地認購一家美國公司的認股期權。我和韓穎一起，找了華平在美國投資的高科技企業的案例，請來會計師解決稅務和外匯問題，讓員工能和股東一起分享公司價值提升的紅利。

對於韓穎主導的這一系列“管理專業化”的措施，溯寧非常支持。我建議要 CEO 以身作則，寫下他自己的工作職責和 KPI。他真的照辦，把崗位責任掛在自己辦公室的牆上，而且在公司上下反復強調“不專業化，就會被邊緣化”。

當然，這個專業化的過程，尤其是引進職業經理人和認股期權的分配，也會觸動創始團隊的利益。幾位早期員工，如趙耀和劉亞東，就選擇離開亞信，自己創業。

創始人離開，公司轉型受挫

1999 年初的一天，溯寧突然來找我，告訴我一個出乎意料的消息：受中國科學院江綿恆副院長之託，他要離開亞信，去創建一家全新的網絡通信公司。

我十分吃驚：他為什麼要在亞信向專業化管理轉型的節骨眼上，離開自己一手創辦的公司？他是團隊的精神領袖，走了肯定會對亞信有影響。我勸他慎重考慮，但他似乎去意已決，我找來華平紐約的同事勸說也無濟於事。當然他有他的道理：江綿恆院長請他主導創建一家全新的現代化電信公司，確實是一個難得的機會。溯寧的計劃是讓丁健接任董事長，推薦跨國公司的中國高管雍益民來當 CEO，由我代表董事會談判他們二人的薪酬，以及溯寧本人離開公司後期權是否繼續歸屬的安排。

1999 年 4 月，中國網絡通信有限公司（俗稱小網通）正式成立，溯寧任總裁。他夜以繼日地奮鬥，把小網通從初創發展到 IP 業務覆蓋全國 111 個城市的大型電信公司，然後與數個省級電信公司合併，組成網通集團（俗稱大網通）。2004 年 11 月 16 日，溯寧率領網通集團在紐約和香港同時上市，融資 11 億美元，實現了他"從零到 IPO"的夢想。

缺了溯寧的亞信，發展卻不那麼順利。丁健接任董事長後，加強了公司的產品研發和技術力量，但在凝聚力上不如溯寧。公司的 CEO 數度易人，先後是雍益民、張醒生、張振清等人擔任，其他一些人才，包括首席戰略官包凡和唐寧，也有流失。包凡創立了華興資本，在互聯網和新經濟行業融資併購 FA 行業獨佔鼇頭，唐寧創建的宜信成為中國財富管理的領頭羊。

管理層的動盪對公司的戰略轉型有些影響。我們投資之初就意識到，互聯網骨幹網的鋪設只是一個階段性的工程，為它服務的系統集成業務不會持續存在，因此亞信必須增加電信系統軟件業務，逐步實現戰略轉型。軟件開發和服務需要耐心、長期的投入，亞信既要穩住現有的系統集成業務產生的現金流，又要投資開發電信 IP、VoIP、移動計費系統等軟件，在資金和人才方面都比較緊張。為了加快轉型，亞信斥資 1000 萬美元，收購電信系統軟件的浙江德康通信技術公司，打開了電信軟件銷售的入口。

德康的軟件相對低端，要進入平台級的高端軟件，亞信還需要再上一個台階，最好是引進國外的先進產品和技術。首席戰略官包凡在摩根士丹利工作時做過很多併購項目，他在選擇軟件開發的戰略合作夥伴時，看中了全球性電信軟件公司 AMDOCS。這家總部設在以色列的公司客戶遍及世界各地，在電信計費及客服系統軟件領域全球領先，但一直沒能打入中國市場。包凡認為，如果能藉助 AMDOCS 的品牌、核心產品和技術，配合亞信對中國電信系統的了解和各層關係，就能打進中國電信系統的高端軟件市場。

包凡拿到亞信董事會的授權，與 AMDOCS 商談合資的設想：亞信以現有的移動計費業務和人員為基礎成立一家新公司，佔股 75%，外方以技術和現金入股，佔 25%，隨著 AMDOCS 的技術和產品為合資公司帶來銷售和利潤，新增部分的價值折算成紅股發給 AMDOCS，讓它的股份逐步提高，直到實現控股。

這個雙贏的方案引起了 AMDOCS 管理層的興趣，包凡安排雙方在中國和以色列之間的巴黎面談，也請我陪丁健一起參加。AMDOCS 派來的是國際高級副總裁，和我們談了一整天，確定了合資公司的業務範圍和戰略合作的主要條款，最後草簽了一份合資意向書。

這是亞信戰略轉型的重要步驟，管理層非常重視，立即著手梳理軟件部門的人員和項目，準備和 AMDOCS 合資接軌。他們沒有想到，對方卻"腳踩兩隻船"，遲遲不推進與亞信的合作，同時和亞信的競爭對手朗新科技談判。亞信被蒙在鼓裏，在等待合資中放慢了自己的產品開發步伐。拖了一年，AMDOCS 突然宣佈全面收購朗新，讓軟件部門的員工非常失望和惱火。不過，AMDOCS"損人不利己"，收購朗新後水土不服，五年後又將它賣回給了朗新的創始人。

亞信決心自找出路。它在開發軟件產品的同時，也尋找電信服務的收購標的，加快轉型步伐。2004 年 2 月初，聯想總裁楊元慶和亞信董事長丁健出席一個論壇之後，乘同一班飛機返京。

在飛行途中，楊元慶提到他有意分拆 IT 服務，丁健聽了馬上表示有興趣收購，兩個人越聊越興奮，很快達成了意向。

在亞信和聯想的首席財務官韓穎和馬雪征的帶領下，雙方快速推進，僅用四個月就完成了這項交易。2004 年 7 月 28 日，雙方正式宣佈成立“聯想亞信科技有限公司”，接手原聯想 IT 服務業務及 500 名員工，董事長兼 CEO 由原聯想 IT 服務部的俞兵擔任。聯想集團將其作價 3 億元人民幣，置換亞信集團 15% 的股權，並承諾儘快完成併購整合。

公佈消息的那天晚上，丁健和楊元慶率高管聚餐慶祝，請我和幾位董事會成員一起參加。席間觥籌交錯，團隊士氣高昂，嘉賓紛紛致辭祝賀。唯獨亞信的獨立董事、北大光華管理學院院長張維迎潑了一杯冷水：“合併不成功也沒關係，可以成為一個案例嘛！”

一語成讖。收購完成後，雙方在文化和業務模式上的磨合問題逐漸顯現，員工流失不少，營收也未能達到預想的目標。

上市猶如過山車，投資容易退出難

溯寧創建小網通前後，正值互聯網企業在股市的頂峰。美國先後有 190 多家高科技和互聯網公司登陸納斯達克，香港的中華網也在美國上市，首日股價由 58 美元升至 101.3 美元，漲幅 75%，顯現了投資者對互聯網狂熱的追捧。

對於瘋狂的市場，久經沙場的華平總裁佛格斯坦憂心忡忡。他在公司內部的季會上告誡團隊：市場的估值已超出理性範圍，應該敦促所有被投企業，能夠上市的儘快上市，儲糧過冬。

開完季會，我從紐約回到北京，馬上找到溯寧和丁健，轉達我們公司對市場的看法，建議他們立即啟動亞信上市。他倆覺得亞信的規模尚小，時機還不成熟，同時還在轉型，應該過一段時間再考慮上市。我說，股票市場潮起潮落，此時市場高漲，我們應該抓住機會儘快融資，否則後悔莫及。

儘管他們沒有被說服，但同意趁下個月去美國的機會，到華平去拜訪佛格斯坦，聽聽他的高見。

進了華平辦公室，見到一頭銀髮、氣質威嚴的佛格斯坦，他倆肅然起敬。這位經歷過幾次資本寒冬的智者告訴他們："憑我幾十年的觀察，目前的市場估值過高，泡沫很大，難以持續。俗話說，鴨子叫了，就該餵牠們（When the ducks are cracking, you feed them）。等到泡沫破滅，IPO 窗口一旦關閉，不管公司有多優秀，也融不到錢。趁現在市場還在，你們應該趕快上市融資。冬天一到，現金充裕的企業才能熬過去。"

丁健後來回憶："他（佛格斯坦）的經驗非常豐富，說他見過太多的股市泡沫，這種泡沫也就持續一年。這個預測很準，第二年夏天股市泡沫就破了。"

老人的忠告說服了溯寧和丁健，他們決定馬上啟動上市。對於上市企業來說，聘請合適、負責任的主承銷商非常重要，要經過一個請各家投行來競爭的甄選過程，行話叫"選美"。這次我們邀請的是高盛、美林、摩根士丹利和美林集團，它們都派出跨部門團隊來參加。

我把華平紐約企業融資部的主管請到北京，參加連續兩天的"選美"，幫我們給各個投資銀行打分。聽完幾家大行的自我介紹，以及他們對亞信上市的定位、推廣和銷售的方案，董事會和管理層坐下討論。比較下來，大家都給摩根士丹利打分最高，因為它派來的權威分析師瑪麗．米克爾對互聯網理解透徹，在行業很有號召力，牽頭做執行的黎輝又精通中國市場，和管理層溝通順暢，對亞信的了解也非常到位。

互聯網企業上市，美國的納斯達克市場是不二的選擇，但投行要求我們把優先股轉成普通股，以保證上市後同股同權。我們原則上同意，但和管理層兩年的對賭還沒到期，該怎麼辦？根據目前的數字，我們雙方都很清楚，對賭設定的目標完全沒可能達到，估值肯定要下調。面前的選擇是提前結賬，還是再等一年，冒錯過上市窗口的風險？

經過多次討論，雙方決定顧全大局，各讓一步：亞信同意提前一年執行對賭條款，投資者同意把估值調整的下限提高到 4000 萬。轉為普通股後，華平持股 20%，成為單一大股東。

2000 年春節剛過，丁健、韓穎和幾位亞信核心高管在摩根士丹利的帶領下，開始了為期三周的全球路演，足跡遍及香港、新加坡、倫敦、舊金山、波士頓和紐約。一路上，他們風塵僕僕，每一站都和當地的保險公司、退休基金、大學捐贈基金、家族基金等投資機構見面，向他們推介亞信，講述中國互聯網飛速發展和亞信作為“中國互聯網建築師”的故事。

亞信的路演非常成功。中國的互聯網飛速發展、亞信在行業中的重要地位令投資者興奮，幾乎所有參加路演推介的機構都無一例外地認購了股票，而且沒有限價。路演還沒到一半，超額認購已達幾十倍。銷售如此火爆，按照摩根士丹利的建議，亞信把發行價從原定的每股 12—14 美元調高到 22—24 美元。即便如此，訂單依然像雪片似的飛來。

路演的最後一站是紐約，結束那天，我正好也在，跑去參加定價討論。由於超額認購過百倍，上市穩操勝算，會上喜氣洋洋洋。黎輝代表摩根士丹利介紹了訂單簿記的情況，說：“這次定價，你們說了算。想要多高，就能定多高的價。”

滿堂大笑。在那個瘋狂搶購互聯網股票的時代，價格再漲幾倍，股票照樣能賣出去。但是，大家覺得還是應該留出空間讓投資者賺錢，一致同意把招股價定在詢價區間的上限，每股 24 美元。

確定了價格，黎輝請所有與會者去附近紐約中城區的中餐館“山王”午餐。席間，大家興奮地猜測明天亞信股價會漲多少：有人說至少每股 30 美元，有人說會超過 50 美元，七嘴八舌，爭論不休，最後大家同意按美國猜體育比賽的玩法，每人拿出 20 美元放進“獎池”，猜中收盤價或最接近者贏走。

第二天，2000 年 3 月 3 日，亞信正式在納斯達克證券交易所掛牌。正好那天中午佛格斯坦約了我在“空中俱樂部”（Sky Club）吃飯。這個高端會所設在公園大道的泛美大廈頂樓，俯瞰鬱鬱葱葱的中央公園。

我們剛點完菜，服務生就過來請佛格斯坦去電話間接電話。

幾分鐘後，他回來了，笑容滿面地對我說：“你猜是誰？是高盛的 CEO！他打電話過來，祝賀亞信上市成功，希望以後多和華平合作。”

飯後，我打電話給摩根士丹利，問亞信的股價表現如何。他們說，上午一開市，買單就開始湧入，但沒有賣盤，買方一路提價，30 美元、40 美元、50 美元……直到下午 1 點才有賣家接盤，在每股 92 美元做成了第一筆交易。

當天股票收盤價是 99.56 美元，漲幅 314%，亞信總市值達

50 億美元。發行新股後，華平持股 18%，價值 9 億美元，相對於成本 1000 萬美元，升值 80 倍！同一天掛牌上市的還有中國通信企業 UT 斯達康，收市股價也漲了 3 倍多。這一天被市場稱作“中國日”。

那幾天其實是互聯網企業市場最後的狂歡。不久，由於美聯儲加息，利率上漲，市場氣氛驟然轉變，投資者開始拋售互聯網企業的股票。納斯達克指數一瀉千里，跌幅達 78%，約 5 萬億美元的市值灰飛煙滅。

隨著互聯網泡沫的破滅，亞信的股價也從 100 多美元的高位跌到 50 美元。此時，亞信上市六個月，華平的禁售期[1]已滿，賬面浮盈還有 40 多倍。我們本來催促公司上市，也是為退出鋪平道路，這時應該開始減持股票。可是，當我提出這個想法時，亞信的朋友們勸我不要著急，亞信作為一家海歸留學生創建的企業，在中國還將大有作為。我和他們密切合作了三年，不捨得退出，同時也堅信亞信未來幾年前景光明，股價還能回升，就沒有啟動減持方案。

這是一個很大的失誤。首先是不應該讓友情影響自己的判斷，其次是沒有跳出企業本身的情況，關注互聯網市場泡沫的趨勢，第三是低估了退出的難度，尤其是作為佔股 10% 以上的重要股東和公司董事受到的交易限制。

根據美國證券法的規定，上市公司的重要股東、董事等均屬“知情人士”，只能在“交易窗口”，即公司公佈業績後的 4—6 周內買賣股票，即便在此窗口內，如果知情人士掌握了內幕消

1　納斯達克上市公司的內部股東通常在上市後的 6 個月之內不能減持或質押所持的股票，目的是防止內部人士在剛剛向公眾發股後拋售，引起股價動盪。

息，也不得進行交易。華平是亞信的單一大股東，我又是董事，當然屬於知情人士，能夠交易股票的窗口本來就短，還會因為接觸到運營和人事方面的敏感信息而在窗口以內都無法減持。

過了一年半，整個股市回歸理性，亞信本身的增長乏力也開始反映在財務報表上，估值一路下滑，股價跌到 10 幾美元。這時我才完全醒悟過來，開始找投行安排大宗交易減持。可惜由於我沒有辭去董事職位，幾次準備好了配售，都因為公司發生了這樣那樣的事件而未能執行。

轉眼到了 2006 年，股價在 5 美元左右徘徊，流通量也不大，我們佔股 18%，不可能通過市場散售退出。溯寧知道華平投資亞信已滿八年，面臨退出的壓力。一天他來找我，說有個買家想收購華平的股份，但對方出價很低，只給市價的八折，問我意下如何。

我們投資亞信的那隻基金即將到期，我當然應該考慮出售。在市場流動性不好的環境下，我也沒有更好的選擇。我去找了兩家投行詢價，沒能找到能全部接走我們手中股票的買盤。

直到和對方談判交易條款和法律文件時，我才知道買方是我朋友張懿宸的中信資本和溯寧、丁健組成的銀團。我們以每股 5 美元成交不久，亞信就傳出了業績上揚的捷報，股價漲至每股 10 美元。

回想這項投資，我有諸多感慨和遺憾。亞信是中國互聯網行業的開拓者之一，華平扶持了它的發展，經歷了它從上市的巔峰跌到谷底的過程。雖然我按佛格斯坦的建議力推亞信上市，但沒有抓住火熱的市場頂峰退出，從浮盈幾十倍到最終 3.3 倍，充分印證了“機不可失，時不再來”這句至理名言。

創新者的窘境

1997 年，哈佛教授克里斯滕森在《哈佛商業評論》雜誌上提出了著名的“創新者窘境”（innovator's dilemma）理論。他認為，即使是非常優秀、戰略和執行都不錯的企業，也可能由於沒有持續創新而失去領先地位。克里斯滕森指出，創新有兩種，一是延續性創新（sustaining innovation），即用常規手段改善和提高管理質量、提高客戶滿意度，通常被主流企業用來保護和發展它們現有的業務；二是顛覆性創新（disruptive innovation），是顛覆者打破現存模式的創新。主流企業靠創新佔據了市場領先地位，之後可能看不到創新，也不敢放手做顛覆自己的創新，因而陷入創新者窘境，反被顛覆性創新者超越。

私募投資亦如此。基金靠投資創新企業獲得回報，但如果因為已投企業的領先地位而一葉障目，看不到新崛起的創新企業，也會陷入“創新者窘境”，錯失投資良機。我就犯過這樣的錯誤。

中國戶外廣告的開山鼻祖

1996 年，一位香港的朋友向我和紀傑推薦通成廣告公司（簡稱通成）。它的三個創始人都來自香港：廣告公司的職員陳嫦娥小姐、她的丈夫金嶺和一位做小生意的許先生。他們受到西方國家戶外媒體廣告的啟發，跑到北京，說服了地鐵公司讓他們承包復興門和阜成門兩個地鐵站做戶外廣告的試點。

那時中國大陸的廣告業很不發達，能做廣告的媒體僅限於電視、報紙和雜誌，而且由於涉及意識形態，都是國有企業經營。

在西方國家司空見慣的大型廣告牌和安裝在高速公路、地鐵和巴士、大廈外立面的戶外媒體，在中國還沒有出現。

北京地鐵的站台原本灰暗空曠，在通成安裝了一批明亮的燈箱後，突然刊出色彩斑斕的廣告，讓乘客眼界大開。地鐵站裏人流如海，乘客在等候列車時自然把眼光投向站台牆上五光十色的廣告箱，曝光率極高。一時間，找到通成要求做廣告的客戶絡繹不絕，兩個地鐵站的試驗大獲成功。

此後，通成一舉拿下北京地鐵一號線全線各站和北京市公交汽車隊的廣告代理權，和地鐵、公交公司分別簽署了 3 年的承包合同：廣告收入三七分成，但通成承諾保底，繳納履約保證金。通成創新的廣告模式為它帶來了大批消費品公司客戶，銷售額直線上升，但因為合同開始要交保證金，也需要對外融資。

聽了通成的介紹，紀傑和我都很興奮。華平在美國投資過報紙和電台，對於戶外廣告行業也有一定的了解。美國和法國已經出現了清晰頻道公司（Clear Channel, CC）和德高集團（JCDecaux Group）那樣價值百億美元的戶外廣告巨頭，中國也應該有同樣的機會，尤其是在對外資開放的戶外媒體行業。

華平很快投資 1000 萬美元，成為通成 30% 的股東。我加入董事會，幫助公司聘請了一位 CFO。通成迅速擴張，拿下了全國十幾個城市公交車隊的獨家廣告權，旗下車輛達到一萬輛。然而，如此之快的發展不可避免地帶來運營和銷售上的問題，新出現的競爭對手也開始和通成爭搶新的合同。為了鞏固市場地位，管理層出更高的保底分成去拿三線城市的公交車隊，同時又做了一輪新的融資，接受香港利豐集團旗下的保誠亞洲基金投資 1000 萬美元，佔股 25%。

有了兩個基金股東撐腰，通成攻勢更猛，把公交車網絡鋪向全國。與此同時，廣州白馬廣告公司（以下簡稱白馬）也在各地公交車線路上新建配有廣告牌的候車亭，形成另一個全國性的戶外媒體網絡。

1998 年初，白馬的股東韓子勁兄弟找到通成的陳嫦娥，說他們遇到暫時資金困難，急需借款 3000 萬元人民幣。陳嫦娥向通成董事會介紹了白馬的情況，說他們的候車亭和通成的公交車在廣告方面天然互補，合併是天作之合，如果此時儘快借款救他們的燃眉之急，再談合併就是順理成章的事。我們聽了很興奮，當即同意借款並爭取合併。

俗語說，“the devil is in the details（魔鬼在細節）”，這件好事，卻壞在了律師起草合同的一個細節上了。通成的美國律師為保障資金安全，要求對方提供資產抵押，就在為這事扯皮的幾天內，美國的清晰頻道公司（CC）搶先一步借款給白馬，並在合同裏規定不得與第三方洽談投資或併購。

通成丟掉了這個機會，依然四處爭搶合同，承包了競爭異常激烈的香港巴士和地鐵。通成新進入的三線城市的消費能力有限，公交車的廣告價格和刊掛率遠不如一線和二線城市，實際銷售收入甚至低於保底線，多處出現虧損。

一杯咖啡毀了一項併購

相比之下，CC 由借款進而收購白馬的控股權，引入它的一套管理機制，廣告業務突飛猛進。2001 年，CC 計劃推白馬到香港交易所上市，聘請高盛當財務顧問。他們經過分析，認為白馬單獨上市略顯單薄，如果能與通成合併聯合上市，通過公交車與候車亭的配合，提高客戶滲透率，又可以擴大合併後的公司市值，為股東的退出鋪平道路，是一個雙贏的方案。

高盛的項目團隊負責人的董事總經理唐葵。八年前，他在哥倫比亞大學讀 MBA 時曾來高盛暑期實習，和我有短暫交集，此時再次合作，他站在了跨國公司 CC 的一邊。不過，他給通成的建議確實很有吸引力：合併與上市同時發生，如果上市不成，合併不生效，兩家企業回歸原狀，不會造成損失。

這是一個進可攻、退可守的方案，通成的董事會一致贊成，授權管理層與 CC 簽署了含有排他條款的意向書，並立即開始對等的盡職調查和併購談判。

雖然兩家公司的管理層都是朋友，業務上也有一定的相互了解，但在爭搶客戶上還是有競爭關係，無法把所有數據和財務資料向對方開放。然而，沒有詳細的財務數據，我們就無法確定合併時兩家公司的相對估值以及雙方股東在合併後的新公司裏的持股比率。

為了相互保密，雙方決定共同委託高盛擔任合併的財務顧問，讓它能分別看到兩家公司的運營和財務數據，在保證中立的前提下建議估值和持股比例。唐葵帶著他的團隊做了大量的工作，在嚴格保密的情況下分析了兩家公司的數據，根據雙方的現金流貢獻比例，計算出白馬應佔合資公司的 52%，通成佔 48%。

華平和保誠對持股比例沒有提出異議，但對合併後的公司運營有很多疑慮，包括董事會的構成、董事長的委派、合併後的管理以及我們的最終退出機制，等等。我們問高盛：合併前，華平和保誠亞洲是通成的大股東，有控制權，但合併後如何保護我們作為小股東的利益？相對於公司的市值，我們持有的股票規模較大，很難在市場上套現，對此 CC 能否做出幫助減持的承諾？

面對這些問題，未來合資公司的大股東 CC 的態度一直模棱兩可，讓華平和保誠十分不悅。意向書簽署後一個多月，我們的訴求一個沒有回應，董事長的人選也沒有著落，使我們對 CC 的合併誠意產生了懷疑。

正在我們心神不定的時候，法國的戶外廣告公司德高集團通過朋友邀請通成的高管去巴黎“喝杯咖啡”。

我知道通成和白馬簽署的意向書有排他性條款，通成不能和任何潛在買方接觸，但陳嫦娥和金嶺說他們是去法國公幹，“順便”和德高喝杯咖啡，應該沒有問題。儘管心裏不很踏實，既然管理層堅持，我和保誠的董事也就同意了。

天下沒有不透風的牆。通成的總經理去巴黎的消息不知怎麼傳到 CC 亞洲負責人的耳朵裏，他直接打電話來質問我：通成的高管為什麼去和德高見面？你們知不知道，這樣做違反了意向書的規定？你們還有合併的誠意嗎？

緊接著，CC 全球總裁羅傑 · 帕里發來郵件，告知他已取消來香港和通成高管面談的計劃。

就這樣，一杯咖啡毀了一項併購。

白馬“單槍匹馬”赴港上市，至今仍然健康發展。

通成則一波三折，公司改名為“媒體世紀”，在股市震盪時硬著頭皮上市，勉強融資四億港幣，此後連續出現創始人內訌、現金吃緊、股價低迷等一系列問題，最終出售給法國德高集團，而今在網上幾乎查找不到它的蛛絲馬跡。

而我，卻因為投資了通成，落入“創新者的窘境”，錯過了一個難得的投資機會。

就在我擔任通成的董事期間，我的好朋友、鼎暉投資創始人吳尚志和我一起打高爾夫球，順便提起他剛投資的一家企業，說它獨創一種全新的媒體，在辦公樓和住宅的電梯裏安裝 LCD 屏播放廣告。由於乘電梯的人流多、注意力相對集中，電梯裏觀看的人關注率很高，深受廣告客戶的歡迎。

我聽了對這種模式很感興趣，但出於對自己投資的企業的信任，就去徵求通成公司高管的意見。也許是因為他們站在曾經的創新者角度看待新湧現的顛覆者，通成的高管對這個模式不以為然，認為電梯內的屏幕小、空間窄、時間短，不可能被品牌商和傳媒公司廣泛接受，前途有限。

聽了管理層的意見，我沒有繼續關注這家電梯廣告企業。它就是後來市值超過千億人民幣的分眾傳媒。

5

第五章

眾人拾柴的火焰

私募投資的成功，取決於資本、品牌和人才三個要素，缺一不可。沒有資本，投資者“巧婦難為無米之炊”；但即使坐擁龐大的基金，沒有優秀人才，也無法抓住投資機會，為資本創造價值。有了優秀的人才，募集到一定規模的資金，才能投入成功的企業，取得出色的業績，從而建立品牌，形成團隊—資本—品牌的良性循環。

成功的私募投資機構，從全球化的黑石、凱雷、紅杉、華平，到本土新星高瓴、鼎輝、博裕、啟明等，都經過了這樣的歷程。

三大要素中，人才是基礎，而人才的招募和激勵絕非易事。金融人才天資聰穎，大多數出自名校，受過良好的培訓，很容易被競爭對手挖走。私募基金全靠投資人員的經驗和眼光來發現和創造價值，人才的管理和激勵更是立身之本。

私募基金的合夥人制

1996 年 11 月感恩節次日，大清早我就接到了佛格斯坦打來的電話："恭喜你！你被接納為華平的合夥人了。"

這是我盼望已久的消息。進入華平一年半，我還沒有建樹，一直擔心公司會不會兌現合夥人的承諾。接到佛格斯坦的電話，我心裏的一塊石頭才落了地。

作為新的合夥人，我拿到了起步的股份。以後根據業績逐年上升，當然也可能由於表現不好而減少，甚至被辭退。公司的大股東平克斯和佛格斯坦共佔有 70% 的股份，掌控對所有合夥人的生殺大權。

合夥人的收入包括固定工資、獎金和分紅。合夥人的控股公司採取有限責任公司（limited liability company, LLC）的形式，通過"穿透式"的合夥結構，避免在公司和個人層面雙重納稅。控股公司下設一個普通合夥人公司（General Partner, GP）和一家基金管理公司（Investment Manager, IM）。普通合夥人公司收取旗下基金的績效分成（carried interest），基金管理公司是運營實體，負責聘用人員管理旗下基金，收取管理費。

私募基金的募資對象是退休基金、主權基金、保險公司、家族辦公室等投資機構，它們除了出資以外，不承擔任何其他責任，基金的投資、退出和分配等全權交給 GP 管理，所以被稱為"有限合夥人"（limited partner, LP）。私募基金的存續期一般為

10 年，前 5 年是投資期，後 5 年為退出期，之後經 LP 批准可以延期數年。

投資期內，基金的年度管理費是基金認繳總額的 1.5%—2%，退出期內則按剩餘項目的成本收取。管理費基本用與支付員工薪酬、房租和其他運營費用。

基金投資項目退出後，如果回報超過 LP 設定的投資成本加優先回報（preferred return，亦稱 hurdle rate），GP 可獲得超額部分的 20% 作為業績分成（carried interest）。這種獎勵機制使 LP 和 GP 利益掛勾：LP 收益越高，GP 的績效分成越高；基金業績不佳，GP 拿不到獎勵，甚至會影響下一隻基金的募集。

私募基金業績優秀的 GP 公司，收益相當可觀。KKR、黑石、紅杉、華平、阿波羅等公司的創始合夥人都因為投資回報超群，基金規模不斷擴大而積累了可觀的財富，身價超過百億美元。

合夥人制是"眾人拾柴火焰高"的機制。如果一個合夥人投資失敗、造成虧損，整個 GP 公司都會受到拖累；反之，如果每個合夥人都能帶來高額投資回報，產生績效分成，GP 公司的分紅和價值也隨之提高。因此，GP 公司在考察和接納新合夥人時都非常謹慎、嚴格挑選。

培養合夥人要從基層做起。私募公司的人員架構和投行類似：入門先做分析員（analyst），歷練三年後，或者去讀 MBA，或者提升為投資經理（associate），大約幹四五年，可擢升為副總裁（vice president），亦稱執行董事（executive director）。副總裁再往上就是董事總經理，最頂端是合夥人，他們必須具備獨立拿到投資項目、評估收益和風險、做出決策的能力。

全球化的私募投資公司通常有兩級合夥人：一是地域或行業基金的合夥人，通稱董事總經理，其中少數關鍵人才同時也是全球控股公司的合夥人。從董事總經理到全球合夥人的甄選過程更加嚴格，要觀察候選人的判斷和投資能力，還要具有領導力和跨部門的協調能力，為整個公司的業績做出貢獻。

"趕著鴨子上架"

華平亞洲的負責人紀傑雖然年輕，但很有城府。我做中國項目，帕塔克主管印度，以香港為基地合作了五年，使華平亞洲初具規模，有 20 多個投資人員，年投資 5 億美元左右。

1999 年底，佛格斯坦把紀傑調回紐約總部聽用，仍然負責亞洲業務。同時，為了便於往來孟買，帕塔克攜印度團隊搬去新加坡，香港只剩下我一個合夥人。公司起初嘗試從紐約空降管理人，但前後來了兩個合夥人都好像水土不服，來香港不到幾個星期就都離開了。

也許是因為沒有別的選擇，紀傑讓我接手香港分公司。我自 18 歲當兵開始，從來沒有做過管理，一直埋頭幹自己的事，現在突然讓我接管大中華地區的投資佈局、人事管理和預算、未來的發展戰略，讓我不知從哪裏著手。

我被"趕著鴨子上架"，開始規劃華平在中國的未來。我們背靠全球基金，不缺資本，但華平在中國完全不為人知，沒有品牌可言；人才方面，當時香港只有兩個投資經理，一個是台灣長大的李淳，另一位是來自香港的鄭可玄。我把剛加入紐約高科技組的祖文萃調來香港，在大陸尋找高科技投資機會。他提出再找兩個分析員，第一個來應聘的是在所羅門兄弟公司當分析員的程章倫。他 20 歲出頭，生長在香港，在美國聖保羅（St Paul's）高中和哈佛大學受教育，回來在投行剛幹了兩年，人聰明好學，做事扎實，但普通話講得磕磕巴巴，不了解內地的情況，還缺乏投資經驗。

我直截了當地告訴他，如果要加入華平，他得從頭學起，在工資和級別上都會吃點虧。

程章倫完全沒有被嚇住，說："只要給我機會，我什麼條件都願意接受。"他入職後一直勤學苦幹，在華平奉獻了 27 年，一路擢升到中國團隊聯席主管，到 2022 年才離開。

下一個是毛遂自薦的是來自北京的冷雪松。他是上海交通大學的本科畢業生，曾在國營企業工作過，沃頓商學院 MBA 即將畢業，為了回亞洲工作到處發簡歷，也給我發了一份求職信。對於這樣冒昧發來的電郵，我通常隨手刪掉，但不知為什麼打開了他的信，反而對這個愣頭青產生了好奇，回信約他電話面試。冷雪松對國內情況的透徹了解、他"接地氣"的溝通能力和敢衝敢闖的風格給了我不錯的印象。1999 年九月，冷雪松加入華平香港公司，此後跟著我幹了八年。

我和祖文萃、李淳、鄭可玄、程章倫、冷雪松等人，在互聯網和科技浪潮席捲中國的時候做了十幾個早期項目，包括亞信集團、新華自控、鷹牌陶瓷、通成廣告、華騰軟件、港灣網絡等，成績平平。互聯網泡沫破滅後，我痛定思痛，決定重新起步，調整投資重點，關注民營企業增長最快的消費品和醫療行業。為此，我們需要招募經驗豐富的資深人才。

我認識的朋友中有幾個十分優秀，比如在摩根士丹利做私募投資的劉海峰、摩根大通的路明、美林集團的張懿宸、摩根士丹利的黎輝等，其中黎輝在耶魯大學讀 MBA 時曾在高盛暑期實習，和我有過短暫交集。畢業後他去了摩根士丹利，以他的專業知識和溝通能力給客戶留下了很深的印象，還幫我做過亞信的上市，是個不錯的人選。

從 1997 年到 2000 年間，我曾經幾次勸黎輝離開投行，轉做私募投資，但他一直猶豫，直到去了高盛一年，才被我的勸告打動，幡然醒悟：投行是賣方的顧問，永遠聽命於客戶，項目的行業、節奏和成敗都不在自己的控制之內。如果轉做買方的私募投資，他可以選擇自己看好而且喜歡的行業、按著自己的節奏來做，為自己決策負責，還能從項目的成功中獲利。

2001 年 1 月，黎輝從香港飛去美國佛羅里達州的棕櫚海灘，在華平內部年會期間接受紀傑、佛格斯坦、比爾等資深合夥人的面試，也了解了華平各個行業部門的投資策略和佈局。會後，我和他坐同一班飛機，經停洛杉磯回香港。

在洛杉磯停留三個多小時，我在機場附近找了一家餐館，和黎輝吃午餐，問他對華平的看法和下一步打算。我們叫了一瓶紅酒，邊喝邊聊。他說，雖然他對見到的合夥人印象不錯，也決心轉做私募投資，但對華平完全不了解，心裏沒底。

我說，你心裏沒底很正常，從賣方轉為買方要經過思維和角度的轉換，需要時間。不過我相信，你有多年積累的知識、經驗和人脈，過來肯定能做好，一年後就有機會提合夥人。

他說，他在投行已經幹了八年，應該到了合夥人的級別。如果加入時不是合夥人，未來還是有不確定性。他在華平一個人都不認識人，如果加入，完全是因為信任我。

我也認真表示：我一定讓公司公平地評估他的業績，絕不讓他吃虧。

回到香港，黎輝就從高盛辭職，正式加入華平。他來了以後，我們一起大力發展中國團隊，先後招聘了魏臻、馮岱、周朗、曹偉、陳鴿、陳晨、遲淼、王倩、吳凱盈、張其奇、方敏、蔣方明等受過中美名校教育和跨國公司培訓的雙語專業人員。

吳凱盈來華平可以說是"無心插柳"。她是沃頓畢業的本科生，當時在美林集團工作，本來沒想跳槽，經她的一位好友轉介紹來華平面試，結果好友沒來，她卻被錄用，由此開啟了她在華平近 20 年的職業生涯，一直升任到華平全球地產團隊的聯席主管。

也許我對沃頓有偏愛，但我覺得沃頓培養出來的人才實戰能力很強，來了就能做事。沃頓的學生每年自發組織春季考察，來中國時我通常會接待他們，一方面分享投資經驗，一方面也給他們職業發展的建議。有一年在參加人員的簡歷中，我看到曾在聯想集團做過地產投資的女生，接待時點了她的名，可是她偏偏因故沒有出席。會後，我讓組織者給她帶話，請她來華平面試。這個學生叫王倩，她暑期來華平實習，表現出色，後來成為華平地產組的骨幹。

中國的團隊建設和投資有了起色，紀傑讓我兼管韓國和日本。1997 年亞洲金融危機期間，韓國經濟受到重創，企業貸款利率高達 30%，股票市場一瀉千里，連三星集團那樣的寡頭企業的股價都跌到了原始股的成本線。市場血流成河的時候，正是 PE 進場的之機，我聘請了在韓國律所供職的律師 SJ Hwang 和投資銀行出身的 Sean Lee 來幫助尋找項目。

日本戰場不是我開闢的，之前有個來自紐約的年輕合夥人叫約翰・麥肯道許，先被派到香港，準備當我的領導，待了不到一個月就離開了。原來他殺去了日本，在東京皇宮對面的大廈裏開了一個景色優美的辦公室，花重金請來兩位有美國投資銀行經驗的日本董事總經理，可是三年毫無建樹。總部把約翰調回紐約，日本讓我接管，讓我擔任華平亞洲區董事長。

其實，和中國的巨大市場、飛速增長的經濟和勇往直前的企業家精神來比，韓國和日本都有很大差距。我們在韓國投資了一家依戀集團旗下的童裝企業和 LG 集團下屬的信用卡公司，還有一家上市的影視和遊戲公司，回報都還不錯。日本卻不同。由於經濟增長乏力，人口下降，企業缺乏創新，很難找到能達到 PE 回報要求的投資標的。在觀察這個市場三年後，我認為日本不適合華平的投資策略，報請總部下決心關掉了我們的日本辦事處。

低調、謙遜的文化

我聘請的團隊成員有一些共同的特點：聰明、肯學、實幹，但不張揚。這和華平的文化十分吻合。

平克斯和佛格斯坦在創業伊始就奉行低調、謙遜的風格。他們白手起家，把華平打造成全球性私募投資巨頭之一，為自己、為華平的合夥人創造了可觀的財富，但從不炫富。平克斯很早就是身價超十億美元的富翁，卻一直保持著低調，遠離媒體，想盡辦法讓自己不上《福布斯》雜誌的富豪榜。

為了立下長青基業，他們從 2000 年就啟動接班計劃，請來兩位德高望重的資深顧問幫他們對候選人進行慎重考察和選拔。

這二位是前美國國防部長哈洛德・布朗和朗訊公司前董事長亨利・謝克特。他們觀察了近十個候選人，還向其他合夥人詢問大家對這些候選人的看法，最後綜合成他們的看法和建議，讓平克斯和佛格斯坦定奪。

2004 年，兩位大股東正式把華平的管理大權交給了剛 40 歲出頭的紀傑和藍迪，任命他們為聯席總裁，自己放棄控股權，退居二線。這種高風亮節的交班傳承，在美國私募投資公司中是第一例。

紀傑和藍迪上任後，大力推行全球化、專業化的管理模式。他們引進了美林集團作為持股 10% 的戰略股東，並用這筆投資回購了平克斯和佛格斯坦的部分股份，令其佔股降到 20% 以下，而且股份用信託持有，不再行使控股權。公司新簽署的合夥人協議規定，任何一位合夥人持股的上限不得超過 5%，儘量實現合夥人利益均沾，同時改變權利過於集中的管理模式，重大決策由全球經營管理委員會（Executive Management Group，簡稱 EMG）集體討論決定。EMG 由各個行業和區域的主管組成，作為亞太地區董事長，我也參與其中。

參加 EMG 對於我們中國團隊和總部的溝通有很大幫助。在全球性公司裏，本地團隊與總部的協調是一個挑戰，尤其在政治、文化和商業環境與美國完全不同的中國，我們更需要得到總部的信任、理解和支持，避免大事小事都要請示彙報，因為溝通的障礙耽誤決策的時機，錯過市場機會。

從加入華平之日起，我始終保持上下透明，向紀傑和佛格斯坦既報喜，也報憂，讓他們隨時了解我們在做什麼，但在怎麼做的方式上放權給我。由於溝通順暢，公司給我們相當大的自主權，團隊成員在和企業家接觸時表現出充足的信心，外界也認為華平很像一家本地公司，又背靠華平的品牌和全球網絡，在中國獨闢蹊徑。

經過多年的建設和培訓，華平中國的團隊壯大到近 40 名專業投資人員，在消費、零售、醫療、地產、科技等領域建立專門小組，積累了豐富的經驗。有了精兵強將，還得把他們用好、留住，這就需要選賢任能的機制，能者提拔，弱者淘汰，不斷提高團隊的素質。所有員工對薪酬和職位都有訴求，除了這些基本要求以外，讓他們有參與感、滿足感和成就感也非常重要。

參與感是指讓員工感覺到他們不僅只是在執行層面、也在決策層面有提出意見和建議的機會；他們不僅知道領導要做什麼，還要明白為什麼要這麼做。滿足感是指滿意自己工作的環境、同事和氛圍，熱愛自己的工作。成就感是指辛勤付出後，創造業績、得到同事和業界的認可的自豪。

我的體會是，培育“三感”能夠凝聚團隊，促進他們密切配合，創出成績。培育三感的基礎是管理透明、公正，即不允許靠打小報告、溜鬚拍馬晉升，更不允許拉幫結派，在團隊內部製造矛盾。

透明和公正還反映在員工的工資和獎金上。我贊成簡單明了的工資級別，每級都有明確的工作範圍和考核標準，達不到者淘汰，優秀者晉升。同一級別的員工獎金基本一致，否則很難說清為什麼 A 員工的獎金比 B 員工高出兩萬或三萬，給管理者帶來額外的麻煩。

對於私募投資者來說，時間和金錢一樣重要。每隻基金必須在 6 年的投資期內完成投放，否則要把資金退還給 LP。在這段時間內，GP 如何把握好方向，不走彎路，不浪費時間，讓員工覺得項目的分配和團隊的時間安排都合理有效，也是一個挑戰。

一個合夥人要同時操盤幾個項目，而團隊成員四散在各地出差，只能靠他們的參與感和責任感來保持整個團隊的一致，投進優秀企業，創出好的業績，得到滿足感和成就感。

時至今日，很多華平的老員工還說，和我一起共事的那些年是他們最快樂的時光。

雖然今天在華平的網站和宣傳材料中已看不到我的任何痕跡，但我依然為我在 20 年中為華平建立的中國團隊和業績感到自豪和欣慰。

6

第六章

十年一芯：半導體的資本遊戲

現代社會成功的創新技術和模式孕育出了很多價值飛漲的行業新星，也為它們背後的風險投資基金創造了驚人的回報。然而，每個一飛沖天的創新企業背後，都有成千上萬個失敗者；很多成功的企業，也是歷經艱險才修成正果。

當然，這些火箭似的價值飛漲，也和互聯網爆發性的增長和近 20 年的資本市場牛市有關。傳統企業從創始到上市，通常要走過 5—10 年的發展歷程，而投資期在 5—7 年的私募基金必須選擇合適的切入點，才能抓住企業增長和實現退出的最佳時機。這實際是在和時間賽跑：要在既定的時間內儘可能快的提高價值，爭取提高基金的內部收益率（IRR, Internal Rate of Return）。

押寶芯片賽道，衝刺上市

2004 年，華平亞洲負責高科技投資的祖文萃離職去了凱雷集團，他的下屬程章倫自告奮勇要接手這個領域。我想他雖然年輕，但有鑽勁，與其到外面請人，還不如讓他一試。

程章倫是一個喜歡琢磨的人。他帶著另一個年輕同事，把整個科技通信行業看了一遍，花了兩個月時間寫了一份行業研究報告，結論是要聚焦移動電話的芯片設計。智能手機將成為人們社交、娛樂和通信的萬能終端，而智能手機的核心部件是芯片。中國是全球最大的手機用戶市場，也是手機配件的製造中心，但在關鍵的芯片設計和製造方面卻遠遠落後於美國、日本、韓國和中國台灣。芯片製造需要龐大的規模和資金，不適合私募投資，而芯片設計卻是輕資產、重編程的業態，應該是我們重點關注的方向。報告中提到，中國的軟件編程人才濟濟，成本優勢明顯，在智能手機的多媒體、射頻芯片方面尤其突出，所以在中國做芯片設計大有可為。

程章倫開始尋找芯片設計的投資機會。正巧，美國發來兩封創業計劃書，都是希望為他們準備成立的移動電話的射頻芯片設計公司融資。由於兩個團隊的思路相似，團隊成員的背景也有互補，程章倫建議他們合在一起，聯合創業。

2004 年 4 月，華平牽頭組建的銳迪科微電子公司（RDA，簡稱銳迪科）在上海正式成立，在團隊裏選出有管理經驗的戴保家當 CEO，射頻芯片專家魏述然任 CTO。華平投資 1500 萬美元，佔股 70%，管理層和團隊以技術入股，佔股 30%。

為了更加貼近市場、聘用國內技術人才，兩個創業團隊都舉家從美國搬到上海，全身心投入新產品開發。大家夜以繼日地趕工，只用一年多的時間就研發出一支低成本、高效率的全新射頻芯片。

當時深圳已經成為智能手機零部件的生產中心，聚集了一大批本土製造商。銳迪科的芯片價廉物美，一進入市場就大受歡迎。程章倫認為芯片設計大有可為，於是又投資了兩家企業：多媒體芯片設計的智多微（Chipnuts）和主板芯片設計的互芯（Coolsand）。他把這三家公司組合在一起，請來曾經做過半導體企業高管的鄧順林先生作為顧問協助管理。

銳迪科一口氣推出了 30 多款產品，銷售額扶搖直上，利潤也超過了千萬美元。這顆芯片設計行業的“新星”引起了摩根士丹利的半導體行業專家的興趣。他們來公司調研了兩天，建議銳迪科爭取打進中高端市場，把產品毛利率提高到 30% 以上，就能提高上市估值的市盈率。

對於達到 30% 的毛利，銳迪科的管理層覺得不是問題。他們向摩根士丹利的專家拍了胸脯，說保證能完成公司的財務預測，希望能據此儘快安排上市。

半年後，摩根士丹利的專家再來拜訪，發現銳迪科的毛利率並沒有改善，仍然停留在 20% 左右，管理層的預測也落了空。對證券分析師來說，企業達不到自己預測的財務指標，就說明它的內部管理有很大缺口，還不符合上市的條件，應該先改善公司的財務管理。

管理層只能下決心做內功。他們加強研發，花了一年時間，果真把毛利率提高到了 30%，在財務管理方面也請了韓穎的前下屬、惠普中國的財務經理來擔任 CFO。

銳迪科請摩根士丹利重返上海考察。他們的專家看到了這些可喜的變化，信心大增，馬上組織人馬，開啟銳迪科的上市流程。

可惜天公不作美。摩根士丹利幫助銳迪科做好了一切上市的準備，正要開始管理層路演的時候，由於美國的芯片行業突然出現產品過剩、銷量下跌的情況，芯片上市公司的股價大跌，平均市盈率從 15 倍降到了 10 倍。

雖然銳迪科遠在中國，而且銷售和利潤仍然在快速增長，但在美國上市就得參照同行業企業的估值。根據摩根士丹利的分析，如果我們硬上，公司估值的市盈率只有 8—10 倍，融資金額不足一億美元，而且流通量很差；如果推遲上市，不知道現在的冰凍期會持續多久。在討論中，CEO 戴保家表示擔心創業團隊的士氣。他們放棄了大公司的高薪待遇，攜家回國創業，拿了公司的股權，滿心希望能夠上市套現一部分財富，如今打拚了五年，好容易看到了曙光，如果再推遲，肯定會受到打擊。從華平的角度出發，上市能為未來退出打開通道，勢在必行，但也要看估值，不能稀釋太大，也不希望市值過小，形成沒有流通量的死股。

反復權衡利弊，我們一致認為，在沒有更好的選擇的情況下，只能硬著頭皮上市，但儘量減少股權稀釋。

2010 年 11 月 11 日，銳迪科以每股 10 美元價格登陸納斯達克市場，市值 4.5 億美元。發行了 10% 的股票，融資額只有 8000 萬美元，比預期少了一半，華平的股份從 67.7% 稀釋至 56%，管理層佔股 16%。

併購火拚

上市後，銳迪科沒有辜負投行的希望，每個季度的業績都超過分析師的預期。這樣出色的財務表現，股價應該隨之上升。但在行業一片陰霾的環境下，投資者十分謹慎，銳迪科很難一枝獨秀，股價一直在 8—10 美元的低谷徘徊。

上市後被市場低估是許多中小企業面臨的困境。在美國股市，市值十億美元以下的股票屬小微股，很少被大型投資機構關注，造成中小股容易陷入流通量不足、股票交易不活躍的尷尬局面。長期沒有交易量的股票可能成為無人問津的“殭屍股”，既要支付監管所需要的審計和律師費用，又失去了融資的功能，進退兩難。

上市公司進入這種僵局，通常考慮三條出路：一是將整個公司出售，二是私有化退市，轉換估值和流通量更好的市場（如內地的 A 股）上市；三是通過併購，擴大公司的規模和流通量，逐步出售股票。

對於華平來說，第一條路最理想，但主動權不在我們手裏；第二條路成本較高、耗時將近一年，而且外資控股的企業在內地上市困難重重；只有第三條路似乎可行。我們開始研究併購對象。銳迪科在芯片設計行業有一個競爭對手，叫展訊通信，它成立早於銳迪科十年，銷售規模遠超銳迪科，也在納斯達克上市，市值是銳迪科的一倍。兩家公司在業務上有很強的互補，合併有助於業務擴張，還能擴大規模和流通量。

程章倫通過投資銀行去和展訊接觸，安排了兩家公司的管理層見面，但談了兩次，由於管理理念和利益不同，推動不下去。

在這段時間裏，市場情況逐漸改善，銳迪科的交易量逐漸上升，摩根士丹利那裏也接到了一些買單。考慮到華平持股比例太大，減持需要很長的時間，儘管股價並不理想，我們還是連續做了三次大宗交易，出售了 10% 左右的股份。為了避免股價過度波動，我們每次大宗交易後都有六個月的禁售期，一來二去又過了兩年。

漫長的減持過程中突然出現了一線曙光。2013 年 7 月，在半導體行業做過多次併購的清華紫光集團宣佈斥資 17.8 億美元收購展訊通信。這個價格高於市值一倍，令投資者為之振奮，繼而猜想下一個收購對象。顯而易見，銳迪科的業務與之相似，可能是下一個獵物，因而股價飛漲。

市場沒有想到的是，率先搶購銳迪科的竟然是一匹“黑馬”：上海浦東科技投資有限公司（簡稱浦東科投）。這是一家國有企業，但出手不凡：它向銳迪科發出要約收購，每股 15.5 美元，高出銳迪科平均股價 50%。

興奮之餘，我和程章倫覺得還有哄抬價格的餘地，需要找一個買家來競爭。行業裏能鯨吞市值接近 10 億美元的公司只有幾個，清華紫光是首選。它實力雄厚，實際控制人趙偉國有“併購狂人”之稱，而且已經收購了展訊通信，本來就有整合行業的雄心。

怎麼才能促使紫光加入競購呢？最好通過紫光信任的顧問暗中慫恿。程章倫請了一家曾幫助紫光做過併購的諮詢公司做顧問，建議其不能讓銳迪科落入他人之手。

紫光果然強悍，上來就拋出了每股 16 美元的收購價格，力壓對手每股 0.50 美元。

浦東科投毫不示弱，立刻提價每股1美元；紫光接著迎戰，雙方叫價到每股18.5美元，浦東科投不再舉牌。顯然紫光已經勝出，銳迪科董事會投票同意簽署併購協議，公司整體出售給紫光，總價值9.1億美元。

至此，收購基本塵埃落定，只要得到銳迪科的股東大會批准，即可生效完成。

誰想到，在這個節骨眼上，浦東科投又推出一隻攔路虎：它指責紫光違反境外收購規定，沒有事先取得發改委的"小路條"，其要約收購無效。

這一招戳到了紫光的軟肋。

原來，2009年6月發改委確實發佈了《關於完善境外投資項目管理有關問題的通知》，要求內地企業在境外收購開展實質性工作前，必須向國家發改委提交項目信息報告，取得確認函（俗稱"小路條"），而紫光作為國有控股企業，"先斬後奏"不符合規定。發改委接到舉報，立即致函紫光，令其暫停收購。

為了爭取時間申請"小路條"，紫光和銳迪科達成協議。把交割的期限延到"發改委相關細則開始實施後的3個月"，並承諾，如果未能取得批准而終止收購，紫光將向銳迪科支付4.5億元人民幣的賠償金；如果銳迪科反悔，也必須支付等值的賠償。

在"小路條"等待過程中，兩個買家繼續明爭暗鬥，甚至在媒體公開指責對方。這樣拖了將近一年，紫光感覺拿到"小路條"的希望渺茫，遂下決心繞過批文關。它通過一家境外子公司作為收購實體，在海外融到了9億美元，於2014年7月19日正式完成對銳迪科的收購。

成交後，華平出售了銳迪科34.7%的股份，回籠3.16億美元，加上之前數次大宗交易售股的資金，總收益約 4 億美元。

清華紫光是更大的贏家。它把銳迪科和展訊通信整合在一起，再引入美國英特爾公司投資，佔合併後公司的 20%，使其估值驟升到 75 億美元，等於紫光收購兩家公司總金額的 2.5 倍。

從華平聯合創建銳迪科，到上市和最終退出，歷時十年，可謂“十年一芯”。雖然我們的收益與成本相比增加了 7 倍，但內部收益率只有 26%，皆因持有時間過長所致，印證了“時間是投資回報的天敵”這個規律。

7

第七章

打造行業公器

“創業精神”是美國教育家傑弗里·蒂蒙斯（Jeffry Timmons）1971 年在他的哈佛商學院博士論文裏提出的，他在文中預言：“我們正在目睹一場無聲的革命，帶動人類的創造和創業精神席捲世界……我相信，這場革命對於 21 世紀的影響將趕上甚至超過 19 世紀及 20 世紀的工業革命。”

源於美國的創業熱潮引起了一波又一波改變人類生活軌跡的變革：計算機、互聯網，生物醫藥、基因工程、高速光纖、移動通信網、新能源、電動汽車、電子商務、社交媒體、加密貨幣、人工智能……

創業投資支持創業，在這場無聲的革命中立下了不可磨滅的功勞，同時也推動了創業精神的傳播。隨著創業投資的發展，為行業發聲和服務的行業協會也應運而生。

飯桌上誕生行業協會

在中國，IDG 是創業投資領域當之無愧的先驅。IDG 原是一家美國數據和出版公司，由創始人兼董事長麥戈文先生帶領，從 1980 年起，把美國一批暢銷雜誌如《計算機世界》、《IT 經理世界》、《網絡世界》、《大都會》、《時尚芭莎》等引入中國內地，用圖文並茂的中文版吸引了廣大讀者。麥戈文看好中國經濟的未來和中國的創新，決定把出版積累的利潤全部轉投資於中國的創新企業。

1991 年，麥戈文把剛從波士頓大學畢業的新聞學碩士熊曉鴿聘入 IDG，幫助他運營旗下媒體，同時通過一家新成立的中外合資風險投資公司開始做創業投資。曉鴿吸引了周全、林棟樑、章蘇陽、楊飛、過以宏等一批精英進入 IDG，建立了國內最早的一支專業投資團隊。此後幾十年，他們投資了搜狐、易趣、慧聰、當當、騰訊、百度等明星企業，碩果纍纍。

與此同時，國內湧現了一批投資早期和增長期企業的專業機構，其中包括新橋、漢鼎亞太（H&Q Asia）、宏碁技術投資、蘭馨亞洲（Orchard Asia）、晨興創投（Morningside）、軟銀中國、華登國際、保誠亞洲、新加坡政府投資公司（GIC）、霸菱亞洲（Baring Asia）、摩根士丹利亞洲基金、高盛直投部，等等。

那時每家機構都是在“摸著石頭過河”，同行們之間的競爭不多，聚在一起議論投資策略倒是不少，而且在各種投資論壇上都會碰面。會上大家常說，在國內做創業和私募投資有“五大難”，即融資難、選項難、估值難、管理難和退出難。

融資難的原因是國內缺乏長線股權投資 LP，主要的資金來源還是歐美的退休基金和保險公司。選項難，難在可選擇的優秀企業不多，民營企業剛開始崛起，經營還很不規範，而國有企業不追求利潤，只是希望完成上級交給的任務，缺乏股東回報的觀念。估值難，因為缺乏已上市的可比公司，外國 LP 認為投資中國企業的政治、匯率和財務風險很大，要求在估值上打“中國折扣”。管理難，是那時國內奇缺管理人才，尤其是有全局觀念的總經理和財務總監級別的高管。退出難，難在內地的 IPO 市場幾乎不對民營企業開放，審批和流程冗長複雜；海外上市的合規和審計、上市規模的要求很高，早期創立的企業很難達到。

有這麼多難處，怎麼樣才能改善投資環境、解決部分難點，是我和朋友們常常議論的問題。

2002 年春，IDG 投資的《數字財富》雜誌在廣州中國大酒店舉辦投資研討會，齊集圈內人士。會間午餐時，我和曉鴿、周全等朋友們坐在一桌，談起在國內做創業投資的種種困難，大家都覺得我們應該“抱團取暖”，搞一個我們自己的組織，為業界爭取優惠政策。

通常這樣在飯桌上聊出的想法，過後就被人淡忘了。我卻認了真，回到香港就開始研究如何創建一個行業組織。我上網查找了美國創業投資協會（National Venture Capital Association, NVCA）的資料，研究了它的組織架構。作為一間非營利民間機構，NVCA 由會員擁有，為會員服務，按會員的管理資產規模的一個百分比收取會員費，作為運營和遊說費用。我還專門打電話找到 NVCA 的總裁馬克．黑森，向他請教 NVCA 如何吸引會員、如何開展活動，得到了一些啟發。

在中國創辦一個全國性非營利機構，必須經國家民政部門批准，還要掛靠一個部級單位，受其領導。我想，既然內地這麼困難，還不如在香港註冊行業協會，在北京設辦事處做實際運營。我找香港的律師朋友胡立生講了這個想法，請他義務幫忙。註冊公司要起名，英文名字簡單，叫“China Venture Capital Association”（CVCA）就行了，但中文名字比較難起，因為冠“中國”二字要國務院批准，我只好用“中華”兩個字來代替，全名叫“中華股權投資協會”。胡律師告訴我，在香港成立一家新公司，至少要有兩名股東，我在朋友裏想了一圈，決定找單偉建幫忙。

偉建有著傳奇式的經歷。他生長在北京，高中畢業加入戈壁沙漠建設兵團，在大漠荒煙裏種地，還當過“赤腳醫生”，給戰友們和當地人看病。他靠自己補習考進了對外經濟貿易大學，之後負笈海外，拿到了加州大學伯克利分校經濟學博士學位。他在世界銀行做過經濟學研究，在沃頓商學院教過商業戰略，1993

CVCA 2002 年派對

年回香港，擔任摩根大通投資銀行部的董事總經理，一次和我在飛機上偶遇，曾問過我對這個行業的看法。1998 年，偉建加盟新橋資本，成為執行合夥人。

我給偉建打電話時，他正在打乒乓球。他停下來，聽我介紹了創辦 CVCA 的想法，二話沒說就答應了。

下一步是設計協會架構。我在美國 NVCA 的架構上做了改進，把會員分成兩類：從事投資的機構可作為常規會員（regular member）加入，為私募投資服務的中介機構可作為協理會員（associate member），這樣協會能吸引投資銀行、會計師和律師事務所、諮詢公司等中介機構進來，擴大了會員規模，還能讓他們對協會的活動提供贊助。協理會員可以參加協會的絕大部分活動，但沒有選舉權，常規會員有權競選理事，每屆任期兩年。

首屆理事會有七名理事，由我提名，會員大會批准。理事應該有行業地位和影響力，還要願意付出精力、資源和時間，為會員和行業做出貢獻。我挨個給朋友們打電話，邀請他們成為 CVCA 的創始理事。接到電話的閻焱、徐新、汪潮湧、周全和闞治東都爽快地答應進入 CVCA 的第一屆理事會。

閻焱是安徽人，在農村插過隊，在工廠打過工，78 級考入南京航空學院，之後又分別拿到北京大學和美國普林斯頓大學的碩士和博士學位。他在世界銀行歷練後，90 年代初回到香港，先後在 AIG 亞洲基礎設施基金和軟銀亞洲信息基礎基金擔任董事總經理，後來把軟銀亞洲重塑成軟銀賽富基金，投資了盛大遊戲、完美世界、58 同城等明星企業，成就超群。

徐新從中國銀行營業部的三八紅旗手起步，考上英國註冊會計師後進入普華會計師事務所工作。她在百富勤證券及霸菱投資集團學到投資本領，創辦了自己的基金今日資本，由於投資了中華英才網、京東商城、Boss 直聘等知名企業，被譽為“VC 投資女王”。她快人快語，做事風風火火，對於參加 CVCA 的創建十分熱心，還自告奮勇擔任司庫。

汪潮湧是信中利資本的董事長，他從華中科技大學少年班畢業後去美國深造，曾經在標普公司和摩根士丹利任職。他自願領了第一任秘書長的工作，還把自己辦公室的一個房間讓給 CVCA 免費使用。闞治東是深圳市創新科技投資有限公司（簡稱深創投）的董事長，曾經擔任申銀萬國證券公司總裁，在證券業赫赫有名。因為事務繁忙，他派深創投的副總裁李萬壽代他參加理事會活動。

為了吸引會員，我寫了一份《成立中華創業投資協會的倡議書》，闡明 CVCA 的宗旨、結構和活動計劃，發給 50 多家活躍在中國的創投和私募基金（以下簡稱 VC/PE），邀請它們成為創始會員。這個倡議得到了所有被邀機構的熱烈反響，沒出一周，我就收到了申請加入創始會員的 50 份表格，比 NVCA 成立時的 13 家多了三倍。

我選了 2002 年 6 月 18 號這個吉日在北京召開 CVCA 的成立大會和第一屆理事會。為了豐富會議的內容，我在成立大會的議程上加了創業投資研討會的內容，邀請華平的兩個資深合夥人來北京分享他們多年投資的經驗和案例。

CVCA 的第一屆理事會推舉我擔任創始理事長，汪潮湧任秘書長，徐新任司庫，其餘的理事分別承接了會員事務、聯誼、信息與研究等工作。

作為中國最早成立的 VCPE 行業協會，CVCA 比後來出現的深圳（2006 年）、天津（2007 年）、北京（2008 年）、上海（2009 年）等地的地方性私募股權協會先行了好幾年。

聚人氣，撐行業

CVCA 的首要任務是促進會員與外界的交流、學習與合作。2002 年秋，美國 NVCA 組團來華訪問，團員中包括凱鵬華盈（KPCB）的執行合夥人約翰·多爾（John Doerr）、Accel 合夥公司的執行合夥人吉姆·布雷耶（Jim Breyer）、Greylock 的主席霍華德·考克斯（Howard Cox）、DCM 的創始人狄克遜·多爾（Dixon Doll）等美國著名的風險投資家，陣容非常強大。

為了借這個機會向他們取經，曉鴿和我在北京中國會舉辦了一個圓桌討論會，邀請新成立的 CVCA 會員參加。在傳統式的四合院的主宴會廳裏，與會者分兩張大圓桌坐下，我請 NVCA 代表團成員介紹他們在美國發掘早期投資機會的經驗，我們的會員也介紹了在中國投資的法律框架、外匯管理、退出途徑等問題，雙方交談甚歡，尤其是在我們準備的雞尾酒會和豐盛的晚餐上。

創會當年的 12 月中旬，為了活躍新組織的氣氛，我帶領秘書處策劃了 CVCA 2002 年聖誕晚會，地點選在深圳，便於大陸和香港兩地的會員和其他朋友參加。業界對這個晚會反應相當熱烈，到會的有投資和銀行界的兩百多位來賓。除了演講交流和文藝表演，秘書處還別出心裁地安排了理事會成員的"男士時裝秀"。看到平時嚴肅認真的投資大佬在舞台上學模特走貓步，尤其是單偉建的大紅棉襖，台下的觀眾笑聲不斷。

我為 CVCA 草擬的方案計劃每年召開一次高端年會，聚集所有會員和其他 VC/PE 投資機構和協理會員，討論業界關切的問題，分享投資經驗，交流對未來的看法。CVCA 的首屆年會定在 2003 年 3 月，因為協會是第一次舉辦大型會議，沒有經驗，也缺乏資金，所有的策劃和執行都是我自己操辦。為了吸引儘可能多的人參會，年會免收入場費，而是靠機構贊助覆蓋成本，而贊助商願意出錢是為了品牌宣傳，也想看到足夠多的人出席、足夠吸引人的議題和足夠分量的嘉賓演講。

這一切都取決於會議討論的話題是否有吸引力以及講者是否有號召力，所以我在選擇會議議程和邀請演講嘉賓上花了大量時間和精力，最後邀請到聯想集團創始人、中國商界的領袖人物柳傳志做主旨演講，華人連續創業者陳五福、證監會官員汪建熙、搜狐創始人張朝陽、亞信董事長丁健、聯創策源合夥人馮波、GRIC 公司總裁陳宏等重量級嘉賓參加分組論壇。另外，我還帶著秘書處做了一系列後勤安排，包括會場佈置、宴會安排、同聲傳譯、音響設備、推廣宣傳和講台背板等工作。

2003 年 3 月，CVCA 首屆年會暨投資峰會在上海隆重舉行，到會有 300 多名嘉賓，講者陣容強大，會場氣氛熱烈，為

CVCA 首屆理事會：左起孫強、汪潮湧、閻焱、熊曉鴿、單偉建、徐新、李萬壽

CVCA 年度峰會打響了第一炮。

此後，一年一度的年會暨高峰論壇成了 CVCA 的傳統，也成為理事會成員和其他行業大佬歡聚一堂的好機會。但是，每次籌備年會還是要花費大量的精力和時間，尤其是拉贊助。舉辦年會需要六七十萬元的費用，會員免費出席，唯一填補缺口的方法是找機構出錢贊助。為 VC/PE 行業服務的投資銀行、會計師事務所和律師事務所等中介機構希望有機會和投資基金的負責人接觸，推廣自己公司的業務，爭取拿到 VC/PE 投資的企業上市或融資的項目。我們利用中介機構的這個訴求，向它們提供獨家冠名贊助、午餐、晚宴、酒會、論壇嘉賓等不同金額的贊助機會。

2004 年，CVCA 會員有不少旗下企業成功上市或被收購，VC/PE 機構在中芯國際、盛大、攜程、騰訊、蒙牛、平安保險、易趣網、3721 和掌中萬維等項目上大獲豐收，提供中介服務的銀行和律所也得益不少。我在高盛的前老闆萊爾夫・帕克斯這時擔任摩根大通的亞洲區董事長，我找他資助 CVCA 年會，他毫不猶豫地出資 30 萬元人民幣作冠名贊助商，並派中國部主席李小加到會致開幕詞。

這次年會場面盛大，我請來的演講嘉賓中包括專程從華盛頓飛來北京的美國 NVCA 會長馬克・黑森，騰訊創始人馬化騰、盛大董事長陳天橋、上海聯創投資管理公司總裁馮濤、西門子移動通信公司亞太區總裁司徒海（Helmut Struss）、美國加州大學伯克利分校教授馬丁・亨明（Martin Hemming）、UT 斯達康董事長兼首席執行官吳鷹、雅虎亞太區副總裁關重遠、清科公司創始人兼首席執行官倪正東等等，可謂星光熠熠。

從 2003 年到 2023 年，CVCA 每年舉辦年度峰會，堅持了

20 年（疫情期間的兩年除外），以它專業、高端、非營利的特點成為 VC/PE 行業的盛會。

為行業發聲

作為一個行業協會，CVCA 需要為 VC/PE 行業發聲，與政府有關部門溝通、爭取改善投資環境，尤其是在出現對我們行業影響重大的政策的時候。

2006 年 8 月，商務部等六部委聯合發佈《關於外國投資者併購境內企業的規定》（簡稱“10 號文”），其本意是限制境內企業通過“返程投資”把資產轉移到海外，但沒想到在這樣做會堵死 VC/PE 基金投資的企業去境外上市的通路。文件一出，VC/PE 界嘩然，擔憂、反對的呼聲高漲。

“10 號文”出台的第二天，我本來組織了一個投資研討會，臨時改為與有關部門的溝通會，邀請商務部、發改委和外匯管理局等部門派代表出席，同時也把修改議題的情況緊急通知 CVCA 的會員。出乎我的意料，我們邀請的政府部門的官員都同意到會，CVCA 的會員更是踴躍報名，人多到我們不得不把原定的小房間改成大會議室，但仍然座無虛席。

這次與官員的面談是我參加過的溝通最開放、最順暢的一次。商務部和外管局的官員明確告訴與會者，“10 號文”並不針對 VC/PE 投資企業，也無意限制境外上市，對它產生的潛在負面影響，希望 CVCA 的會員提出建設性的修改意見，有關部門會酌情考慮。這種誠懇開放的態度，使會議氣氛一下子活躍了起來。

接下來的交流十分熱烈，我們的會員都踴躍發言，談到一些技術問題還挽起袖子，在黑板上畫圖說明。政府官員也毫無保留地回應，表達自己的看法，最後形成了一些共同意見，由 CVCA 秘書處會後總結，寫成一份報告，呈送給有關部委參考。

不久以後，外匯管理局正式對“10 號文”的規定做了詮釋，為民營企業對外投資和海外上市留出了通道，讓整個創業和私募投資界都鬆了一口氣。

一直以來，VC/PE 行業在國內發展的最大挑戰是缺乏長期機構投資者。在歐美國家，私募基金的主要資金來源是退休基金、大學捐贈基金、保險公司、家族基金和主權基金。這些都是長期、耐心的資本，與 VC/PE 基金的投資規模和周期十分匹配，而且也由於投資 VC/PE 而獲得了超過公開市場的穩定回報。但在中國，政府對於保險公司和社會保障基金（簡稱社保基金）嚴格監管，只允許它們投資國債和少數超低風險的證券，不能做其他類型資產的配置。

發展 VC/PE 基金在國內融資的來源，一直是 CVCA 推動的一個方向。保險公司的資金投放歸中國保險監督管理委員會（簡稱保監會）監管，有一系列細則，其主管部門是資金運用部。隨著改革開放的發展，VC/PE 投資業績彰顯，商務部、科技部、保監會和社保基金都和 CVCA 的會員有不同程度的交流。保監會派官員訪問了歐洲和美國的保險公司，考察它們的資產配置比例和另類資產回報率，也找了華平、凱雷、鼎輝、弘毅、IDG 等 CVCA 會員座談，了解它們的投資策略並聽取建議。經過幾年的醞釀，2010 年 9 月，保監會發佈了《保險資金投資股權暫行辦法》，為 VC/PE 基金打開了通向保險公司資金的大門。

社保基金是下一個目標。社保基金成立於 2000 年，管理全國和各地方的社會保障基金、社會統籌基金、個人養老基金和企業年金，資金規模達 6000 多億元。2003 年，財政部原部長項懷誠被任命為社保基金理事會理事長，證監會原副主席高西慶出任副理事長。

西慶是我的老朋友，他年輕時曾參加過襄渝鐵路建設，在西安崑崙機械廠當過工人，靠自學考入北京對外貿易學院[1]。他出國在美國杜克大學讀法學博士，之後進入華爾街一家著名律師事務所工作。早在 1988 年，西慶就已回國效力，在對外經濟貿易大學法律系任教的同時和幾個朋友創建了內地第一家民辦律師事務所，還參與創建中國證券市場設計研究中心，推動了中國證券市場的誕生。立志推動改革開放的西慶一直在政府部門和國有企業工作，歷任證監會首席律師、發行部主任，中國銀行港澳管理處副主任，中銀國際副董事長兼執行總裁，全國社會保障基金理事會副理事長，中國投資有限責任公司總經理兼首席投資官等重要職務，為中國金融市場的發展立下汗馬功勞。

我非常佩服西慶剛直不阿的骨氣和兩袖清風的人格。憑他如此豐富的經驗和受人尊重的社會地位，西慶完全可以去一家跨國金融公司任高管，輕鬆領取百萬美元以上的年薪，但他始終留在體制內工作，把自己的才華和精力貢獻給國內的金融改革和發展，退休後又回高等學府任教，依然瀟灑自如。

社保基金的下一屆理事長戴相龍非常重視社會融資，不遺餘力地擴展社保基金的投資範圍。戴相龍曾任中國人民銀行行長、

---

1 對外經濟貿易大學的前身。

天津市市長，在金融界有相當大的影響力。他對 VC/PE 投資情有獨鍾，在任期間多次親自參加 CVCA 組織的研討會，認真聽取我們的建議。在我們組織拜訪社保基金時，他不斷和下屬探討投資 VC/PE 對於社保基金回報率的影響，以及投資私募基金的方式。在了解了我們行業的情況後，他向國務院和財政部領導解釋擴大社保基金投資範圍對提高收益率的益處，終於在 2008 年爭取到國務院和財政部的批准，允許社保基金向 VC/PE 基金投資。

為行業無私奉獻的理事們

我把 CVCA 定位為獨立、專業、非營利的行業組織，但要達到這個目標，我們必須發展一定數量的會員，同時要保證會員的質量。經過兩年的努力，CVCA 的常規會員從成立時的 50 名增長到 100 名，囊括了幾乎所有的外資 VC/PE 機構。我們的協理會員行列也不斷壯大，吸引了摩根士丹利、摩根大通、瑞信銀行、畢馬威、安永會計等十幾家大型中介機構入會。

光靠我一個人努力，CVCA 不可能代表我們的行業。我覺得，要加強協會的代表性，就得吸引行業的領軍人物加入 CVCA 理事會。創始理事會只有 7 名理事，起初每個季度開一次理事會，出席率還很高，大家都願意聚在一起交流投資項目和市場情況。隨著各家基金的發展，理事們工作和出差越來越忙，找到合適的時間開會越來越難，開會的人數也越來越少，有幾次甚至開不起來。我很著急，每次都催促大家參加，但這畢竟是一個非營利的行業組織，理事們都是自願奉獻，不能強求。我想了一個辦法：擴大理事會，理事人數增加到 20 名，這樣開理事會時即使只有 1/3 的人到會，也有 6—7 人，還能開得起來。

當然，任何一個非營利組織都需要有幾個核心骨幹，否則很難開展工作。CVCA 的歷屆理事中的核心人物是熊曉鴿、張懿宸、趙令歡、劉海峰、吳尚志、鄺子平、胡祖六、唐葵等人。

曉鴿是 IDG 的管理合夥人。CVCA 成立時，我請了他的搭檔周全當理事，後來曉鴿進來替換周全，並兼任協會秘書長，為 CVCA 和美國 VC 界的交流做了很多工作。2006 年，我已經當了兩屆四年理事長，如果再幹下去，就會給協會打上我的烙印，影響它的代表性。我找到曉鴿，請他接替我當理事長，他欣然答應。我給了自己一個副理事長的頭銜，便於繼續操辦理事會的具體工作。曉鴿是個熱心人，又是做媒體出身，在任期間幫助 CVCA 提高了在業內外的知名度。

接任曉鴿當理事長的是張懿宸。懿宸是中信資本的創始人、董事長。他高中時就是學霸，高考得了黑龍江省的狀元，被選送到美國名校菲利普斯學院預科，又以全額獎學金考進麻省理工學院。他早在 1993 年就來到香港，在恒隆集團和美林證券歷練數年後，背靠中信集團和中信泰富成立了中信資本，把它打造成一家管理上百億美元的私募投資公司。在中信的經營方向調整的過程中，懿宸引入外部投資人，把中信資本改制為他掌控的信宸資本。

懿宸上任後，傾注了大量時間和他的個人資源來擴大 CVCA 的影響力。他組織會員拜訪多個省市的領導、考察當地的企業；開展媒體和對外公關工作，大大提高了協會的知名度；作為全國政協委員，他多次在“兩會”上提交促進 VC/PE 行業發展的提案；他組織定期拜訪政府機關，與發改委、證監會、商務部、稅務總局、工商總局等部門互通信息。

懿宸擔任理事長四年，為 CVCA 的發展立下了汗馬功勞。他卸任時很負責，反復和我商量找誰接班。他推薦弘毅投資的 CEO 趙令歡，安排我一起找他聊。令歡的態度很明確：他願意接受這個挑戰，一定為會員做好服務。為了能夠承上啟下，我建議成立一個前任、現任理事長和副理事長組成的小組，幫助理事長過渡。

由於各種原因，之後的兩年 CVCA 出現了管理鬆弛、活動減少、會員數量下降的問題。到了 2014 年，會員數量比兩年前下降了 30%，導致會費收入減少，資金幾近枯竭。

看到 CVCA 面臨危機，我非常焦急，請令歡召集臨時理事會，商量解決辦法。理事們當然不想看到自己的行業協會經營不下去，但也沒有什麼好的辦法。討論了一陣，大家的一致意見是讓我再度出山，接任理事長，想方設法扭轉局勢。

面對問題，我首先要找到癥結在哪裏。通過訪談會員、分析協會的活動和運營狀況，我發現 CVCA 這兩年培訓和交流活動的頻次不夠，會員覺得協會沒有起到多大作用，逐漸失去了參與的興趣和願望。而會員數量少了，我們即使搞活動，來的人也不多，成為惡性循環。其實要逆轉也不難，只要改善活動的內容和質量，增加活動頻次，讓會員覺得能學到東西、交到朋友，就能留住老會員、吸引新會員。

我通過獵頭找了一個新任秘書長，和她一起制訂了扭虧方案，調整秘書處的人員和工作方法，讓他們努力達到新設置的目標。可是，眼前的現金流危機，我只能請理事會幫助解決。那時我們每年的會費收入不到 100 萬人民幣，不夠支付房租和協會 5

名全職員工的工資等日常開支，更不要說補貼活動費用了。

我召集了一次緊急理事會，把經營虧損的數據和現金的缺口攤在大家面前。聽了我的分析，大家紛紛表態：我們都是專做投資的機構，管理著幾百億美元的基金，決不能讓我們自己成立的行業協會破產。面前的困難，我們可以通過集體認捐解決。會上各位理事一致同意每家出資 10 萬元，以解 CVCA 的燃眉之急。

對理事們的慷慨解囊，我十分感激，但我堅信 CVCA 的困難只是暫時的，應該不需要一直輸血，我提議把這筆錢列為借款，協會財務狀況一旦好轉，馬上歸還各家理事。當然，從長計議，協會還要靠會費和贊助費形成良性循環，所以我同時提議理事單位會費提高到 10 萬元人民幣，常規會員 5 萬，協理會員 5 萬，請各位理事幫助吸引新會員。這個提議得到全體理事的支持。

提高 CVCA 影響力的一個方式是吸引業界重量級同仁加入理事會。我和其他理事分頭邀請，說服了一批業界知名同仁加入理事會，使我們的陣容壯大到 27 名理事，其中包括德同資本的邵俊、黑石集團的梁錦松、紅杉中國的沈南鵬、君聯資本的陳浩、高瓴資本的張磊、古玉資本的林哲瑩、CPE 的劉樂飛、創世夥伴資本的周瑋、愉悅資本的劉二海、高盛亞洲的許明茵、中華開發的張立人、KKR 的楊文鈞、亞投資本的劉二飛、貝恩資本的竺稼、光大控股的陳爽、華興資本的包凡、創新工場的李開復、紀源資本的符績勛、BAI 資本的龍宇、紅點中國的袁文達、國壽投資的顧業池、華平投資的魏臻、光速中國的宓群、霸菱亞洲的崔桂勇等。因為理事單位的會費較高，協會收入也大幅度增加。

與此同時，秘書處設計了融資、盡調、上市、投後管理、稅務安排、投資技能等一系列培訓課程，增加了會員培訓的內容和頻次，得到了會員的認可。在節流方面，秘書處的辦公室遷入了共享辦公空間，員工人數減少到五位，但工作效率反而提高了。這和負責日常工作的秘書長有很大關係。創會 20 年來，CVCA 共換了 6 任秘書長，尋找繼任者、面試候選人、談判薪酬待遇、過渡交接都要我操心。

我接手後兩年，CVCA 的會員數量重新上升，現金流也趨於穩定，又該交班了。我和懿宸商量，覺得我們的老朋友劉海峰是下一任理事長的合適人選。

海峰早在 90 年代就開始做私募投資，在摩根士丹利亞洲和 KKR 投資了蒙牛乳業、平安保險、百麗鞋業、南孚電池、永樂家電、海螺水泥、恆安國際、山水水泥、現代牧業等成功案例，此時剛剛從 KKR 辭職，創辦自己的公司德弘資本。我和懿宸分別給他打了電話，邀請他擔任理事長，他二話沒說就應承了下來。

海峰做事一向親力親為，即使在 CVCA 這個會員制非營利組織，他照樣事必躬親，每周都和秘書處開會佈置工作，每一次活動他都要親自過問議程、講者等一系列細節，不滿意的地方就反復修改。起初，秘書處的同事對這麼細的管理風格很不習慣，過了一段時間，她們也被訓練出來了，工作紀律和質量都有提高。海峰任理事長期間為 CVCA 做出了不可磨滅的貢獻，尤其是他倡導並主編的《私募投資經典案例》，收集了過去 30 年中 CVCA 會員單位的一批經典投資案例，受到我們會員和 VC/PE 機構及學術界的好評。

2022 年，連任兩屆四年的海峰，經過 3 年新冠疫情考驗和洗禮，把理事長的接力棒交給了啟明創投的鄺子平。子平是啟明創投的聯席創始人、管理合夥人。他在英特爾投資負責過中國區投資業務，2005 年創建啟明創投，在互聯網和醫療健康方面的早期投資佈局甚廣，碩果纍纍。他一直積極參加協會的活動，還創辦了“年輕投資人俱樂部”（Young VC Club, YVCC），組織新一代投資人一起交流。

除了幾位理事長，CVCA 的很多理事也對協會投入很多。

吳尚志在圈內被尊稱為“老吳”，是中國私募投資界的元老級人物。老吳在吉林插過隊，在油田當過工人，靠自己的本事一直讀到美國麻省理工學院，畢業後去了世界銀行當投資官員（我們理事中有三位前世界銀行的官員）。他 1993 年回國，在中金公司直接投資部擔任董事總經理。2001 年，老吳和兩個同事離開中金，創立了鼎輝投資，把它打造成了國內最成功的私募投資基金之一，管理總規模超過 1200 億元人民幣，創下了新浪網、鷹牌陶瓷、南孚電池、百麗、蒙牛乳業、分眾傳媒、雙匯等膾炙人口的經典投資案例。

唐葵在高盛暑期實習時就和我認識。他在高盛工作 11 年後去新加坡淡馬錫公司，負責在華投資。2007 年，他離職創立方源資本，主持了分眾傳媒等經典投資案例。

胡祖六也出自高盛。他是清華大學的工學碩士、哈佛大學的經濟學博士，曾任國際貨幣基金組織的官員和瑞士達沃斯世界經濟論壇首席經濟學家，後來在高盛（亞洲）擔任經濟學家和投資銀行大中華區主席，主導了工商銀行等大型國企的上市項目。2011 年，他創建了春華資本，成為立足中國的私募基金中的一支生力軍。

今天的私募行業，與我創立 CVCA 時相比，有了天翻地覆的變化。那時全中國只有幾十家外資基金，如今有超過萬家註冊基金管理人；那時全行業的從業人員不過幾百人，現在已發展到 30 萬人的私募投資大軍。那時的私募投資類似小作坊，今天已經百花齊放，除了傳統的 VC/PE 基金，還有政府引導基金、母基金、上市公司和行業併購基金、地產基金、夾層基金等各種形式的投資機構，成為一個資金雄厚、影響深遠的朝陽行業。

20 年來，CVCA 伴隨著會員機構成長，經歷了市場沉浮的風風雨雨，始終堅持獨立性、專業性和國際性，為爭取改善投資環境、促進會員之間的合作做出了貢獻。

作為創始人和今天的榮譽理事長，我也從未間斷過扶持 CVCA，把它當成自己孵化的事業，始終為它付出，維護好我們私募投資行業的平台。

8

第八章

選擇賽道，聚焦行業

私募投資成功的一個關鍵因素是抓住變革的浪潮、選擇合適的賽道。過往的幾十年中，每次技術和模式變革的浪潮的出現，都孕育了 VC/PE 基金投資和創收的機會。

從美國 1970 年代開始，計算機、生物醫藥、信息高速公路、移動電話、網絡搜索、新能源、門戶網站、電子商務、社交媒體、線上遊戲等各種創新浪潮不斷湧現，凡是抓住這些浪潮的投資機構，大多滿載而歸。當然，如果踩在了浪潮的頂峰或退潮期，跟風者就會被重重地拍在沙灘上，蒙受虧損。比如，中國光伏的領頭羊無錫尚德 2005 年登陸納斯達克，股價飆升到 90 美元，創始人施正榮躍升為中國首富，許多私募基金猛追光伏企業。誰知蜂擁而入的資本造成產業過剩，僅僅七年後無錫尚德轟然倒閉，整個行業陷入低谷。之後，中國的光伏企業痛定思痛，下苦功降本提效，行業重上正軌，湧現出隆基、通威等一批千億級優秀企業，抓對時機的投資者又獲利甚豐。

歷史和經驗證明，對於 VC/PE 投資，抓住浪潮、選對賽道是第一要素，而選對了行業，下一個關鍵因素是就是時機。無論是投入還是退出，把握時機決定成敗。

試水互聯網損手，痛定思痛看賽道

1998—2000 年，全球掀起了一股互聯網投資的狂熱浪潮，硅谷 VC 公司投資大獲成功。看到投資早期企業的巨大潛力，華平的年輕合夥人也躍躍欲試，連一向謹慎的佛格斯坦也被他們說動了心。他決定在 100 億的基金裏撥出 5 億美元試水投資互聯網，讓 IT 投資部的合夥人帕特里克．哈克特（Patrick Hackett）牽頭成立一個跨部門小組來執行。

帕特里克調來十幾個年輕成員，他們模仿硅谷的工作模式，穿著牛仔褲、T 恤衫上班，天天接觸創業者、科研人員，探討最新的經營模式，了解創新技術，成了公司其他部門同事羨慕的對象。

總部的嘗試也延伸到了華平亞洲，紀傑同意每個合夥人有“兩顆子彈”，每顆不超過 500 萬美元，可以射向早期互聯網企業。領到了這些彈藥，我開始瞄準熱門項目。

當時電子商務的明星企業是 8848，它開創了在線結算、貨到付款和客戶關係管理一體化的全新電商模式，被美國《時代》周刊譽為“中國最熱門的電子商務站點”。8848 的股東陣營強大，有 IDG、雅虎創始人楊致遠和台灣趨勢科技公司創始人張明正等股東助陣，此時的 B 輪融資炙手可熱，基金瘋狂爭搶額度。我知道主導這輪融資的是 IDG，就打電話給曉鴿，請他幫忙。

曉鴿告訴我，這一輪的融資額不大，來要額度的基金太多，如果我一定要，他可以預留 100 萬美元，但三日之內必須簽約匯款。正常情況下，不給做盡調、不能談判條款、三天內簽約匯款的項目華平連看都不會看。但是，在那個被互聯網熱潮衝昏頭腦的時代，我們考慮的不是風險，而是錯過大熱項目。我也不知怎麼鬼使神差地拿到了公司的批准，居然在三天之內把 100 萬美元匯入了 8848 的賬戶。

這種追趕時髦的極速投資無異於賭博。如果做一下基本的盡調，我們就會發現，當時中國經營電子商務的環境遠未成熟，8848 的經營模式只是在打磨中，虧損十分嚴重，前途未卜。不過，那時被市場的狂熱衝昏了頭腦的我和同事們很快就打出了七八顆子彈，投資了亞商在線、Go2Map、EGoChina、華騰軟件、浙大網絡、港灣網絡、Abest、Nissi Media 等早期企業，全力追趕電商、網絡通訊和數據服務的浪潮。

2000 年互聯網泡沫破滅，早期企業成批倒下，華平在全球試水投資的虧損企業也都銷聲匿跡，使基金蒙受了近四億美元的撇賬。我和祖文萃、程章倫、鄭可玄投資的企業，除了 8848、ABest 和 Nissi Media 被清零以外，其他幾家收回了部分或全部成本，亞商在線還有 13% 的回報。2002 年，佛格斯坦告誡全公司的合夥人，不能再追趕熱潮，必須回到傳統的價值投資軌道。

三年的“撒種”式投資也給了我深刻的教訓。投錯了企業，不但賠錢，還耗時間。那些虧損項目，我們又不能不管，結果本來可以用到能產生價值的項目上的時間和精力，都放到救火、收攤上去了，確實得不償失。我認識到，這段時間我們有些迷失了方向，現在要正本清源，只做價值投資。這就要求我們選對賽道和時機，才能產生好的業績。

選擇賽道得看清未來的趨勢。為了找出方向，我從關於中國宏觀經濟的書籍、投資銀行的研究報告和研究機構、投資銀行的專家那裏找到啟發，提煉出中國未來發展的十大趨勢：

（1）城鎮化：隨著大量中國農村人口湧向城市，中國城鎮人口可能將從 3 億增長到 7 億—8 億，使中國出現人口達 1500 萬—3000 萬的超大城市。

（2）中產階級湧現：中國將產生 2 億—3 億新的中產階級人口。他們大多數居住在沿海省市，有強勁的消費能力，將帶動奢侈品和知名消費品牌的需求。

（3）金融服務業崛起：個人財富的迅速積累將促進金融服務業的創新和發展。

（4）投資基礎建設：政府將繼續大力投資於公路、鐵路、港口和通信設施的發展和升級改造。

（5）全球製造業中心向中國轉移：由於在成本和效率上佔有優勢，全球企業將更加迅速地將生產環節轉移到中國，中國將成為世界製造業的中心。

（6）實力雄厚的國內企業湧現：經過千錘百煉的國內本土企業將以知名品牌躋身世界前列。

（7）人口老齡化：隨著人口增速放緩，中國將進入人口老齡化階段，刺激各種服務業的增長，例如醫療、社會保障、財富管理等。

（8）環境惡化：國內工業的高速發展帶來了環境問題。公眾對環境保護的呼聲和政府加大環境治理的力度將促進垃圾循環、廢物處理、有機食品、水和空氣淨化設備及服務方面的企業迅速增長。

（9）農業現代化：隨著城市化進程加快，膳食結構中谷物含量增加，中國需要大幅提高農業生產力，加大糧食和農產品的科研、生產、儲備和分配方面的投資。

（10）開放醫療和教育領域：為了滿足老齡化和社會對醫療及教育服務更高的要求，政府將放寬民營企業參與的限制。

這十大趨勢為我們尋找投資賽道提供了理論指引，由此而選擇的零售消費、醫療健康、科技與媒體、房地產四個賽道也為華平的一些成功投資項目打下了基礎。

銀泰百貨：消費賽道的黑馬

基於消費和零售賽道的選擇，我們成立了一個零售消費組，由黎輝領導。他帶著團隊對中國零售行業的現狀做了分析，認為連鎖百貨是一個值得投資的業態，因為美國市場高度集中，排前 6 名的百貨商場佔了市場總額的 61%，而中國前 11 名百貨商場的市場佔有率還不到 10%。當時的百貨公司以國企為主，有少數幾個外企，民營商場才剛剛起步，銀泰百貨就是其中一個。

CVCA 的秘書長曾玉告訴我，銀泰百貨董事長沈國軍聘請她當財務顧問，幫公司融資。曾玉問我是否看好百貨這個賽道，如果感興趣她可以安排我和沈國軍見面。

2004 年 9 月秋高氣爽的一天，我和黎輝到北京東郊的鄉村高爾夫俱樂部去見國軍。一身休閒高爾夫打扮的國軍把我們讓進會所，坐下來吃午飯。那時“以球會友”是流行的商務會面方式，我剛學會高爾夫球不久，95—100 杆的水平，但很喜歡在綠茵場上認識企業家朋友。黎輝是高球愛好者，經常和朋友切磋球藝，能打進 80 多杆。

國軍個子不高，濃眉大眼，顯出江南人的清秀俊朗。有一篇題為《漁村少年沈國軍》的報道這樣形容他：“60 年代，沈國軍出生在浙江省寧波市奉化區蓴湖鎮棲鳳漁業村，是海邊長大的孩子。小時候的沈國軍經常帶著弟弟在海邊捕魚捉蟹，然後拿到村裏鎮上去賣，一個暑假掙出一個學期的學費。”

國軍 14 歲時，他的父親在一場意外車禍中去世，6 年後，他的母親又因胃癌而撒手人寰。從此，國軍成了家裏的頂樑柱。從賣螃蟹到花木生意、建築材料外貿，他都做過。他憑自學考進中南財經大學，畢業後進入中國建設銀行（簡稱建行）舟山分行，以他過人的精明和優秀的工作成績一路高升，當上了海南銀泰置業股份有限公司（簡稱海南銀泰）副總經理。數年後，聰明過人的國軍對海南銀泰的上級公司中國銀泰進行改制，進而拿下它的控股權，逐漸進軍百貨、礦業、證券、房地產、銀行等板塊，但遇到了民營企業常見的資金瓶頸。

午飯後，我們下場打球，在綠茵場上揮杆擊球的空閒時間，國軍談了他對企業經營的思考。他說，多數民營企業的老闆，包括他自己在內，都一路做加法，不喜歡做減法，規模越做越大，企業的弦也越繃越緊，結果並不如意。他看到了自己的問題，決定做減法，退出一些板塊，只留下房地產和百貨兩個主業，爭取做出規模和利潤。他介紹，其實他進入百貨零售也是機緣巧合。1997 年亞洲金融危機爆發時，杭州武林商圈的一棟商業樓緊急求售，他想轉手賺一筆快錢，找好了下家才買下這棟樓。他沒想到，買家臨時變卦，這棟樓砸在了手裏，無奈之下，只好把大樓改成銀泰百貨商場。

這個新出現的百貨商場主打青春、活潑的風格，深得年輕的消費者喜愛，很快成為杭州市銷售收入最高的百貨商場。周年店慶那天，排隊等候入場的顧客把商場擠得水泄不通，店員把大門卸掉，才能讓顧客擁進商場，那天的購買量創下了全國百貨單店單日最高銷售的紀錄。一炮打響後，銀泰百貨去瀋陽、大連、青島、重慶等地開了分店，還計劃併購幾個區域性的百貨商場，變成全國性的連鎖百貨公司。

我覺得，像國軍這樣能冷靜地思考企業的問題、願意做減法的企業家難能可貴。打完球，我們又坐下來聊了一會兒。我們很贊同國軍的思路，也很喜歡零售連鎖這個賽道，雙方同意開始探索合作。

幾周後，趁華平的聯席總裁藍迪來華考察的機會，我們一起在國軍的陪同下去杭州，參觀銀泰的旗艦店。這家店坐落在杭州最熱鬧的武林商圈，共有八層樓，每天接待近 5 萬名顧客。銀泰百貨採用日本、韓國的輕資產經營模式，在商場裏開設品牌產品的“店中店”，品牌商負責進貨、推廣和營銷，銀泰負責統一收銀，無須負擔人工和存貨成本。這種模式的投資小、平效高，容易快速複製，讓藍迪看了很興奮。

華平不設投資決策委員會，新項目如果我看好，只要兩位聯席總裁之中有一位同意就能投資。得到了藍迪的支持，我們和國

華平的聯席總裁紀傑、資深顧問哈羅德·布朗和作者（左二）一起祝賀沈國軍成功融資

軍立即進入投資條款談判。銀泰計劃融資 6 億元人民幣，要求估值 20 億元，相當於銀泰預測的 2004 年 1.2 億元稅後利潤的 16 倍，比美國上市的百貨公司的 10 倍平均市盈率貴很多。不過，銀泰的增長速度大大高於美國同行，而且經營模式是輕資產，沒有存貨，較高的市盈率也屬合理。為了便於上市融資，我們建議沈國軍搭建“紅籌架構”，也就是在境外設立離岸公司，通過收購境內的資產或者協議控制（即 VIE 模式）把控股公司設到海外，用這個實體直接在海外證券交易所上市。對於企業來說，搭紅籌眼下費時費力，但從長遠來看，上市融資的效率和難度都大大優於內地結構。雖然去海外搭架構要花將近一年時間，沈國軍毫不猶豫地決定推進。

2005 年 9 月，華平向銀泰新成立的海外控股公司投資 8000 萬美元，佔 35% 股份。投資完成後，國軍在北京的一個四合院裏舉辦了一個小型儀式和晚宴，邀請華平的另一位聯席總裁紀傑和資深顧問哈羅德・布朗出席慶祝，共祝合作成功。

併購硝煙四起

投資者和企業合作成功與否很重要的一點是雙方是否各司其職。企業要經營好業績，投資者要在融資方面做出貢獻。我們與銀泰的合作基本照這條線路前行，效果不錯。銀泰不僅加快速度開新店，還試圖通過併購其他百貨商場整合整個行業。

銀泰的第一個目標就是近在咫尺的杭州百大集團（簡稱百大）。百大是在上海證券交易所的掛牌企業，核心資產是一棟營業面積 2.2 萬平方米的百貨大樓，在杭州是首屈一指的購物商場。它的第一大股東是國企杭州投資控股公司（簡稱杭投），持股 29.93%。杭投已經決定出售在百大持有的股份，並發出“國有股轉讓徵詢函”，開啟了競價收購流程。

杭州西子聯合集團公司（簡稱西子聯合）是銀泰最強的對手。它是一家從電梯設備製造起家的投資控股公司，資金實力強大，一出手就報價每股 4.60 元，高出市價 53%，還承諾完成“股改對價”。

“股改”是中國股市的一個特有現象。當時內地的企業分為國有制、集體所有制和個體戶三種，無論性質如何，發行股前都需要改制為股份有限公司，將原始的國有股份轉為國有股，集體和個體持有的股份變為法人股，但上市後只有新發行的股票才能自由買賣，所以稱為流通股。流通股的發行價通常遠遠高於淨資產值，國有股和法人股因為不能流通，無法定價。

經過 23 年的發展，中國股市從 1992 年的 28 億元暴漲到 2005 年的 3 萬億元，增長了 1000 倍，但由於國有股不能流通，又控制了上市公司，它們和流通股東的利益就不一致，造成中國股市的畸形現象。多年來，學術界和企業界都一直呼籲證監會允許所有上市股權流通，到了 2005 年 9 月 4 日，證監會才終於決定，允許國有股經過"股改"進入流通市場。

考慮到流通股東在上市時支付了較高的議價，證監會要求國有股給予流通股一定的"對價補償"，其形式可以是現金或股票，但補償方案必須在規定的時限內提出，在得到流通股東的絕對多數批准後方可實施，如果原股東將股份轉讓，買家繼續承擔股改的責任。

併購策略是投資銀行出身的黎輝和我的專業。在參與競購的前夕，國軍和銀泰副董事長程少良找我們倆商量對策。少良是國軍的搭檔，人脈甚廣，是處理地產和百貨面對的政府關係問題一把好手。我們都不想打價格戰，更不想背股改的包袱。國軍建議迂迴包抄，到市場上去收購可以議價買賣百大的法人股，拿到一定的股份再去和百大談判。這是一個"圍魏救趙"的聰明之舉，我們都表示支持，包括提供資金彈藥。

有了華平做後盾，國軍在市場上連續買進法人股，均價每股 3.04 元，遠低於西子 4.6 元的報價。拿到了 20% 的股權，銀泰正式提議：百大撤回權轉讓方案，用自有資金回購杭投的股份，之後予以註銷。這一招既能幫助杭投退出，還能阻擋西子聯合的收購，同時縮小股本，提高銀泰的佔股比例，可謂一箭三雕。

杭投沒有接受這個提議，反而加快步伐，簽署了向西子聯合轉讓 7000 萬股（29.9%）的協議。銀泰依然不想正面衝突，用高價壓西子，而是在百大的股東大會上提出改選董事、修改公司章程的議案，但遭到投票否決。

銀泰繼續在二級市場增持，把持股量提高到 27.73%，試圖在股改方案的批准權上卡住對方的脖子。這些新買進的股票可以自由流通，由於市場的整體上揚，價值漲了一倍。

西子聯合的處境卻十分被動。它收購了百大的控股權，但也繼承了股改的包袱。由於銀泰已成為公司第二大股東，股改方案必須得到它的首肯，才有機會通過。此時銀泰提出，作為批准股改的交換條件，要把百大擁有的杭州百貨大樓和家電商場委託給銀泰管理，為期 20 年。這個方案無異於挖走了百大的核心資產，西子聯合拒不接受。

雙方互不退讓，僵持住了。拖了一年半，股改早已到期，證監會給大股東的壓力越來越大，西子聯合沒有辦法，只得同意銀泰的方案，簽署了託管協議，把覬覦已久的杭州百貨大樓拱手讓給銀泰，對價股改的方案才得以通過。

如果說百大是銀泰吃到的一塊肥肉，鄂武商則是一塊啃不動的硬骨頭。這家上市公司是武漢三鎮規模最大的百貨集團，擁有 5 家百貨商場、27 萬平方米的自有物業經營面積、29 家連鎖超市和電器連鎖企業，在中國零售企業銷售 100 強中排名第 27 位，被稱為中國上市公司中的"商業第一股"。

國軍分析了鄂武商的股權結構，發現 32.18% 的控股權掌握在武漢國有機構手中，而 27.53% 的法人股和 40.29% 的流通股的股東非常分散，如果策劃周全，銀泰有可能收購足夠的股份，控制鄂武商。

2005 年 7 月，國軍聯手當地企業華漢投資（簡稱華漢）成立了武漢銀泰商業發展有限公司，“銀泰系”以現金出資，佔 85.87%，華漢以其持有的 1232.2 萬股鄂武商股票出資，佔股 14.13%。此後不久，鄂武商爆出壞賬撥備的消息，股價大跌，銀泰藉機出手收購鄂武商的法人股和流通股，很快就把股權拉高到將近 30%。

看到自己第一大股東的地位受到了威脅，國有企業武商聯集團立即砸下 11 億元現金，在市場上買進股票，持股比例上升到 34.32%。儘管銀泰也試圖增持，但始終未能撼動武商聯第一大股東的地位。這樣對峙了六年，國軍拿不下控股權，只好借股價上漲之機，在市場上套現退出，賺了個盆滿缽滿。

國軍的下一個目標是瀋陽中興商業。這也是一家上市公司，核心商場坐落於瀋陽市最繁華的商業區的黃金地段，是整個東北地區高檔購物商場的首選。儘管市場地位得天獨厚，但中興的利潤連年下跌，股價也在低位徘徊，讓國軍看到了機會。他找黎輝和我去討論，希望我們聯手去說服瀋陽市國資委，讓銀泰參與中興商業的改制。

正好，中信集團計劃退出非主營業務，要出售它持有的中興商業 26.3% 股份。這部分股權在一家專項投資公司（SPV）裏面，是個難得的海外結構，非常適合華平收購。在國軍的撮合下，華平於 2006 年 2 月買下了中信的 SPV，折合股價每股 3 元人民幣，成為中興的第二大股東。同時，銀泰還在流通市場上購入了 7.88% 的股票，兩家合計持有中興商業 34.18% 的股權，僅比第一大股東低了 0.14%。

華平和銀泰隨即要求增派董事，並專程去拜會了瀋陽市委書記，希望他指示市商業局和國資委等有關部門與我們合作，對中興商業進行改制，提高利潤水平。俗話說，“強龍不壓地頭蛇”，我們的要求讓中興商業的管理層感覺到了威脅，董事長劉芝旭帶頭全力抵制。他是中興商業的元老，在公司裏說一不二，和瀋陽市的政府部門也有盤根錯節的關係。

劉芝旭拒不接受華平的兩個董事提名，同時企圖推翻中信向華平的股權轉讓。他鼓動瀋陽市的一位領導和他一起去北京找中信集團董事長常振明，要求中信撤回轉讓交易，被常董事長一口拒絕。劉芝旭仍不死心，以華平選派的董事不合規為名，拒絕宣佈產生新一屆董事會，還書面向證監會投訴，指稱銀泰在華平收購中信 SPV 的同時購入中興的股票，構成一致行動人，但瞞而不報，構成違規。收到舉報，證監會即刻發出詢問函，銀泰不得不同意出售股份。

至此，華平孤掌難鳴，雖然通過中間人做了工作，但感覺是被擋在了一個針插不進、水潑不進的無形高牆之外，怎麼也入不了手。好在這段期間，中興的股價漲了三倍，我們不想繼續耗下去，就打 8 折把 SPV 持有的中興股票在市場上悉數售出，賺了三倍的利潤。

收購中華老字號，功虧一簣

國軍收購的頭號目標是百貨行業的龍頭老大——北京王府井百貨集團（簡稱王府井）。這家老字號企業早在 1994 年就在上海證券交易所上市，後來因為利潤下滑，股價從上市時的 8 元跌到 5 元左右。2006 年中，佔 50.13% 的北京控股集團有限公司（簡稱北控）以每 10 股支付 30 元現金作為對價完成股改，股價回升至 9 元，之後表示有意出售其股份。

國軍籌謀併購王府井可謂用心良苦。他和王府井的董事長兼總經理鄭萬河是好朋友，經常在一起討論如何促成王府井的改制。鄭萬河是業內知名人士，在公司工作三十年之久，對王府井有很深的感情，十分擔心在百盛、太平洋、燕莎等民營和外資商場崛起的環境下，王府井受到體制的束縛，逐步失去品牌優勢，甚至被邊緣化。他希望能借北控退出的機會，引進銀泰做戰略股東，形成南有銀泰、北有王府井的佈局，在百貨行業佔據絕對優勢。

國軍心裏清楚，銀泰作為一家民營企業，鯨吞北京的老字號企業王府井的可能性不大，比較可行的方案是由華平來收購王府井，推動與銀泰的全面合作。為了促成華平控股，他計劃讓我們先和管理層結成聯盟，然後去向北京市政府彙報，這樣上下配合，成功概率就大大增加。

因為國軍的關係，鄭萬河對我和黎輝毫無保留地托出了他的全盤考慮。他說，王府井是全國知名品牌，有忠實的客戶群體，完全具備在其他大城市開店的條件，但缺乏市場化運作的機制，尤其是在員工激勵方面處處受到掣肘。他認為，目前集團下屬的上市公司被市場低估，一旦在外地開設的新店過了爬坡期，公司的整體利潤就能翻番，股價也會回升。

鄭萬河對改制的決心打動了我們。華平的團隊深入訪查王府井的所有分店，對公司的財務狀況進行了詳細分析，回來和國軍、鄭萬河討論。三方一致同意，由華平出面收購北控的股份，借以完成王府井集團改制。

接下來，國軍通過他的渠道，特別安排我和黎輝去見當時的北京市長王岐山。我很少去政府辦公地點，走進正義路 2 號古樹環抱的北京市政府大樓，十分興奮。王市長的秘書把我們帶到會議室，感覺裝修莊嚴而樸素。

王市長沒有一點架子，寒暄幾句後就進入正題。他顯然已經知道我們希望參與王府井改制及市場化發展。聽了我們的彙報，他當場表態，讓一起參會的北京市國資委副主任儘快啟動王府井改制。

根據招商引資“貨比三家”的慣例，北京市國資委邀請華平、KKR、凱雷、高盛等多家基金參與收購王府井股份的競價。沈國軍和鄭萬河希望華平直接拿下控股權，徹底改變管理機制，但我們擔心外資控股的結構不容易獲批，建議兩步到位，此次競購方案先提 49%。在提交方案前，我們得到消息，說有兩個競爭對手準備提交控股方案，遂決定提出一步到位的方案，收購北控的 50% 股權再加增發新股，總共佔股 60%。

雖然我們的方案和其他幾家基金提交的標書大同小異，但華平和管理層的合作及政府部門的溝通起了很大作用。競購流程截止後，北京市國資委正式宣佈華平中標，立即和王府井集團開展獨家談判和盡職調查，但要求我們修改投資條件，改為先收購 49%，兩年後再增持到 60%。

2006 年 9 月，華平與北控和王府井集團簽署了意向書，以 17 億元人民幣的資金收購集團 49% 的股份。如果穿透到集團下屬的王府井上市公司的股份，估值 56.6 億元，折合股價約每股 9 元，高於市場交易價格 40%。接下來的三個月，華平按照國資委規定的流程，按時完成了盡職調查和法律談判。三方簽署正式投資合同和股東協議後，提請北京市政府批准。

北京市對這個項目非常重視，開了兩次市委常委會討論之後才予以批准。最後一道程序是把項目的全套文件上報給商務部。正常情況下，商務部走一個常規流程就可批准，一般沒有問題。可是這個項目申報進去的時候，剛好趕上A股市場大漲，王府井的股價從我們簽約的每股9元一路飆升，最高到過50元。

王府井的申報一直沒有批覆，我們非常著急。反復猜測到底是什麼原因：是外資佔的股份太多，還是我們的估值和王府井的股價之間的差距太大？如果拿我們簽約的價值和上市公司現在的股價相比，我們確實有5倍的賬面浮盈，儘管我們買單集團股權不能自由流通，而且股價也隨時會下跌。假如商務部批准了這個項目，可能被詬病"放任國有資產流失"，但不批又沒有實質性的理由，所以只好掛起來，不批也不拒。

商務部那邊音信全無，王府井的管理層和我們，在無奈中等了三年。王府井的股價回落到每股30元時，我和黎輝想最後努力一把，看看能否挽救這個我們花了大量時間和上百萬美元做盡調的項目。我們和北京市國資委開會討論有沒有折衷方案，能讓我們入股王府井。可是，這時的地方政府已經失去了對吸引外資的興趣，反而表示希望儘量用人民幣來做，繞過審批關。

華平沒有人民幣基金，我和黎輝也不想再浪費時間追蹤這個項目，就決定把它推薦給兩位有人民幣基金、又有高層關係的朋友。他們確實有辦法，沒過多久就和王府井集團簽署了12億元人民幣的投資協議。

國軍設計的"南有銀泰，北有王府井"美夢隨之破滅。

上市退出，一波三折

銀泰併購不太順利，但自身的發展還是非常健康，老店新店的盈利狀況都令人滿意。2006 年下半年，中國內地零售和消費企業概念在香港大熱，零售行業的股票全線上漲。雖然我們投資銀泰只有兩年，但還是希望能趕上這個熱潮，加快銀泰上市的步伐。

銀泰聘請了摩根士丹利擔任主承銷商，可能因為人手不夠，派來的人撰寫的上市宣傳材料有點詞不達意，我們很不滿意。為了趕時間，黎輝帶著手下的魏臻、曹偉等人直接參與上市準備，包括改寫招股說明書和路演材料、尋找基石投資人[1]、確定融資額度和定價區間等，其中一個關鍵問題是要不要在"綠鞋"[2]機制裏出售華平持有的部分股份。我的同事覺得市場這麼熱，公司增長又好，此時賣出有點吃虧，但我牢記之前在亞信錯過退出窗口的教訓，堅持要抓住機會賣出一部分股票。

2006 年，香港市場對內地來的新股趨之若鶩，在眾多表示在 IPO 中投資的知名人士和機構中，我們選擇了香港零售大亨

---

1 基石投資是指公司上市之前，投資者預先承諾按上市發行價格購買約定數量的股票，並接受 6—12 個月的鎖定期。基石投資者主要包括保險公司、主權財富基金、養老基金、企業集團以及富商大賈等，它們通常在對公司的基本面做了分析後確認投資，並在公司的招股說明書中予以披露。基石投資者的認購能夠增強新股投資者的信心，幫助發行順利完成。

2 上市集資時，主承銷商通常會要求發行方授予選擇期權，可以在掛牌後 30 天內按上市價格超額發售 15% 的股票。這些超過上市原定數量的股票是向發行方或股東"借"來的，如果股價高於發行價，主承銷商行使期權，"借來"賣出的股票就算成交；若股價下跌，主承銷商不行使期權，減少了 15% 進入市場流通的股票，起到穩定市場的作用。這種超額發行的做法在 1919 年在美國綠鞋公司上市時首次使用，所以稱之為"綠鞋"期權。

潘迪生和中國人壽作為基石投資人，增加熱度。

2007 年 3 月 7 日，銀泰開始路演。此時香港股市並不景氣，但投資人非常認可銀泰作為城市青年喜愛的購物中心的定位，相信它能夠迅速擴張並盈利，股票認購異常熱烈。根據路演的反應，摩根士丹利把香港零售招股價定在詢價區的上限，每股 5.39 港元，相當於 2006 年預測盈利的 47 倍，大大超過我們入股時 16 倍的市盈率。

市場熾熱時，什麼股票都搶手。國軍的朋友和熟人紛紛找他要股票額度。到關賬時，銀泰 IPO 的超額認購達 230 倍。上市首日，股價上漲 19.48%，收市每股 10 港元。

上市的成功使銀泰的 CEO 周明海有些飄飄然，他們手握大筆現金，看到在銀泰暢銷的幾家品牌企業即將上市，就突擊入股，同時又投資了一些需要長期培育的商業地產項目。銀泰在北京王府井大街新開張的銀泰樂天百貨商場裝修豪華，但其高端定位和旅遊的人流錯配，造成每年上億元人民幣的虧損。到 2008 年全球金融危機爆發時，銀泰內部的管理問題也暴露出來——地產項目和銀泰樂天需要現金補貼，品牌企業上市後股票下跌造成銀泰浮虧，投資者認為銀泰岌岌可危，紛紛拋售它的股票，股價跌幅超過大市，最低至 1.87 港元。

痛心和焦慮之中，華平的團隊去找國軍，希望一起找出癥結，對症下藥。通過拆解銀泰的財務報表和走訪基金投資者，我們發現銀泰的主業沒有問題，只是投資了一些虧損項目，讓投資者擔心公司迷失了方向。只要管理層重視主營業務，剝離不產生利潤的資產，公司就能重上正軌。

拿著這個結論，我和黎輝去找國軍，要求他立即更換 CEO，把虧損的項目剝離給集團，讓銀泰百貨返回盈利和增長的軌道。

國軍是做過減法的人，一聽就知道問題所在。他果斷撤換了周明海，把北京銀泰樂天商場和商業地產項這兩個虧損項目剝離給集團。我們安排韓穎到公司幫助建立 ERP 系統，通過 KPI 管理和數據分析降低成本、提高效率，同時在市場上買入銀泰股票，向市場表達華平對公司的信心。

投資銀行發佈最新研究報告，讚揚公司的經營狀況和財務指標明顯改善，建議投資者買入銀泰股票。這一系列舉措給股市非常積極的信號，銀泰股價很快就漲回到每股 10 港元。

經過了嚴冬的人，更加珍惜春天的歸來。看到銀泰股價回升，我們決定抓住機會減持。通過幾筆大宗交易[1]，華平出清了持有的股票，回報超過 4.4 倍，複合回報率 45%。

華平退出的時機抓得很準，儘管我們並沒有預見到即將到來的電商對百貨零售業態的巨大衝擊。兩年後，在淘寶、京東等電商的壓力下，銀泰股價回落至 6 港元，即使有新加坡政府投資公司和阿里巴巴入股支撐，也未能重返高位。

阿里巴巴出於戰略考慮，先是控股、進而全面收購銀泰，讓它的線下百貨業態和天貓的線上商店遙相呼應，成為西湖商圈乃至全浙江省的旗艦商場。

國軍本人也以打造銀泰百貨連鎖、建設北京銀泰中心、創建菜鳥物流等出色成就而享譽商界。

---

1 股票的大宗交易（block trade）是指較大規模的證券交易，通常由投行採取盡力推銷（best efforts）和包銷（bought deal）的兩種方式轉售給投資者，從而賺取中間的差價。

9

第九章

房地產的“黃金搭檔”

近年來，“另類投資”（alternative investment）成了股票、債券和現金等傳統資產以外投資的代名詞，其範圍包括私募股權、房地產、對沖基金、不良資產、特殊機遇、母基金、二級市場基金、影響力投資基金，等等。

房地產是另類投資的一個重要門類。中國的房地產行業發展源於住宅地產開發，孕育了一批高周轉、高回報、高槓桿的民營企業。它們起家都採用“地主”模式，搶佔最好的地塊，從土地升值賺取回報。隨著規模的擴大，它們逐漸進入“工廠”模式，按流水線作業的程序買地、融資、蓋房、售樓，高速周轉資金，甚至幾個、幾十個項目同時開工，取得規模效應。內地土地出讓政策改革後，買地的付款和融資條件收緊，地產商進入“樂隊指揮”階段，需要像指揮一個交響樂團那樣協調品牌、規模、政府關係、園林設計、室內裝修、小區設施、配套服務、周轉資金等方方面面資源，才能拿到優質土地資源，在全國範圍內持續發展。

廣州地產“黃金搭檔”

2004 年 10 月，瑞信證券在深圳觀瀾湖球會組織了一場高爾夫球聯誼活動，和我同車的是富力地產（簡稱富力）聯合創始人、董事長李思廉。那天我們打的是尼克勞斯球場，18 個洞依山而建，起伏蜿蜒的球道被鬱鬱葱葱的樹林環抱，優美清靜。我和李思廉邊打球，邊聊天，了解了他的經歷和富力的情況。

思廉生長在香港，大學畢業後到內地做貿易，在廣州結識了張力，二人很快成為好友。張力比思廉大四歲，原來在廣州二輕局當幹部，下海後做裝修和工程設計。1994 年廣州樓市升溫，李、張各出資 300 萬元，成立了廣州天力房地產公司（簡稱廣州天力），張力負責項目開發和工程管理，主管內部業務決策，思廉主管財務，負責對外融資，兩人合作親密無間。張力曾表示：“我和搭檔（指李思廉）十年沒紅過臉，這在商界也是絕無僅有的。我們之間沒有簽署過任何一份文字的東西，大家講的都是信用。”

他倆互相信任、配合默契，被稱為房地產界的“黃金搭檔”。廣州天力第一年就做了三個樓盤，次年又通過拆遷廣州嘉邦化工廠開發了小區項目“富力新居”。張力回憶說：“那塊地靠著煤廠，又挨著鐵路，沒人敢買。當時拿到那塊地，地上的煤還有一寸多厚，我們把煤剷起來，再用水沖乾淨。房子一開賣，每平方米 3000 多元。”

繼富力新居的成功，他們連續推出了富力廣場、富力半島等品牌樓盤，在廣州連續多年獲得房地產銷售冠軍，並開始走出廣東，在各大城市建設中心區住宅。

張力跟我講過富力進入北京市場的故事。那時他初到京城，人生地不熟，不知從何下手。聽說廣渠門附近有一塊總面積 150 萬平方米的老廠房要掛牌拍賣，就天天在這塊地上轉悠。他實地勘察了兩個星期，掌握了周邊地產的供應情況，憑自己的經驗和膽識，在 2002 年 2 月 28 日的拍賣會上連續舉牌，以 31.6 億元的高價拔下頭籌，僅比第二名高出幾千萬元。這次拍賣，他沒有請專業機構評估，也沒有建模型測算，只是靠直覺拍下靚地，令同行刮目相看。

這就是後來大獲成功的北京富力城。不過，這個樓盤開發和銷售並非一帆風順。第一期開盤銷售時，正遇上 2003 年“非典”肆虐，買家都不敢出門，幸虧地點一流、定價合理、包精裝修，富力城一期的銷售仍然在 2003 年北京樓市中名列前茅。也正是靠這個項目，華北地區迅速成為富力的第二大利潤支柱。

富力城一期開發的成功，吸引了新加坡豐隆集團來談合作。豐隆集團是新加坡最大的房地產和酒店業投資發展商之一，其董事長郭令明在 2004 年《福布斯》東南亞富豪名單上排為新加坡首富。考慮到富力城後面幾期住宅開發的資金需求，豐隆集團提議投資九億元人民幣，佔整個項目 50% 的份額。九億元在當時不是一個小數，豐隆集團的品牌對富力也是一個極好的背書，張、李二人表示願意接受他們入股。但是，令他們頭疼的是對方投資的繁瑣程序和厚厚一大摞中英文的交易文件。談了一段時間，由於文化差異太大，與豐隆集團的合資未能繼續下去。其實“塞翁失馬，焉知禍福”，正因為沒有賣出富力城的 50%，富力地產後來的規模才超過百億，過了上市的門檻。

為了準備上市，廣州天力於 2001 年 11 月實行了股份制改造，正式更名為廣州富力房地產股份有限公司，進入上市輔導期。至此，合作多年而從未簽過協議的張、李兩位搭檔才正式書面確認各佔 50% 的股權。

聽了這段往事，使我對張力和思廉產生了敬意。民營企業大多數是家族式管理，而富力卻是兩個創始人平等合作，帶領團隊一起打拚，確實難能可貴。富力對開發地產的資金需求，也引起了我的投資興趣。

紅籌還是 H 股？李思廉不想打擦邊球

儘管華平極少投資房地產，我還是想多了解一下富力的情況。幾周後，我搭港九直通車去廣州拜訪思廉。擠得滿滿的車廂裏，有的旅客在聊天，有的旅客在打電話，嘈雜喧囂，無法安靜休息，直到走進富力辦公樓裏，我才鬆了一口氣。

思廉把我帶到頂層露台上一間安靜優雅的茶室，在舒適的沙發上坐下，泡了一杯釅茶，坐下來細談。

思廉介紹，富力在同時開發十幾個項目，資金需求很大，早就開始準備上市融資。由於內地股市暫時還不允許房地產企業上市，富力集中精力爭取在香港掛牌。這個流程十分複雜，需要取得證監會、發改委、國土資源部[1]、稅務局、環保局等多個監管部門的批准。富力派出專人輪流跑各個政府部門，耗時一年多，總算拿到了在香港發行 H 股[2]的批文。

我問：選了哪家投行來做主承銷？估值怎麼樣？

思廉回答：我們請了各家國際大行來參加"選美"，其中瑞士信貸和摩根士丹利最為積極，它們表示富力上市完全可以達到 15 倍市盈率，融資 5 到 7 億美元。張、李對這兩家投行的高度信心和估值區間十分滿意，選聘它們作為聯席主承銷（亦稱"全球協調人"，global coordinator）。

我問思廉，有沒有考慮過不上 H 股，而採用紅籌結構？

思廉對紅籌結構不太清楚。我解釋：H 股是內地公司在香港 IPO，新發行的股票可以自由買賣，但原始股東的股票不能流通，而且受內地上市規則限制，即使在香港上市後，如果要再增發股票或者發行債券，都需要取得批准，所以 H 股的融資效率和流動性都遠不及紅籌架構。

思廉覺得我說得有道理，讓我和黎輝找時間和他的中介機構一起商討。

一周後，富力的律師和會計師齊集廣州，分析 H 股和紅籌架構的利弊，我和黎輝也應邀參加。會上大家討論得非常熱烈。黎輝和我介紹了我們操作銀泰的案例，列舉了紅籌上市的優勢。但是，中介機構認為，紅籌確實有諸多好處，但實際操作上難度很大。富力需要把旗下幾十個地產開發項目轉入海外控股公司，

1　2018 年 3 月，組建自然資源部，不再保留國土資源部。

2　內地企業在香港上市，如果把控股公司重組到海外，稱為"紅籌"結構；如果內地公司直接去海外上市，在紐約交易稱為"N"股，香港則稱為"H"股。

首先要重新辦理一系列批文，其次因為是跨境交易，會被稅務部門視為買賣，需繳納資本利得稅。會計師大概估算了一下，這樣重組的稅金可能高達 6 億元人民幣，但可以儘量壓低轉讓價格，避稅或減稅。與會者討論了兩個多小時，基本理清了兩種結構的差異和利弊。

思廉耐心聽完了所有人的意見，最後站起來總結：“我覺得，紅籌上市確實有很多好處，不過對於富力來說，重新拿批文和交稅是兩大難題，要進一步論證。不過，如果要做紅籌，我寧可正大光明地按市場價轉出，該交的稅一定要交，決不打擦邊球。”

內地很多企業家用各種擦邊球的方式逃稅、避稅，思廉這樣表態，讓我十分佩服。

回來我和黎輝商量，我們都認為富力是個好公司，思廉值得信賴，儘管他們目前的 H 股結構不適合我們，我們還是應該先考察富力的項目，做好了準備，投資機會來了才能抓住。

考察房地產項目需要專業知識。華平總部當時聘請了原美林集團全球地產投行業務的負責人邁克·普菲涅斯（Michael Profenius），籌備發起地產基金，正好被我請來幫忙對富力做初步盡調。麥克手下有兩個顧問，一個是荷蘭國際集團（ING）的 Thomas Nam，一個是美國士邦魏理仕（CBRE）上海分公司的遲淼。我和他們三人一起，不僅看了富力的項目，還拜訪了內地許多知名地產商。我們去見了杭州南都地產的周慶治、深圳百仕達的歐亞平、聯想集團融科置地的陳國棟、碧桂園的楊國強等人，向他們請教對中國住宅地產發展趨勢的看法。

邁克一直在歐美地產行業做融資業務，接觸的主要是辦公樓和大型商場，對於中國市場和住宅地產完全不熟悉，他看完這些地產企業，認為地產開發風險較大，不主張投資富力。黎輝和我認為中國的住宅地產處於高增長、高回報的階段，如果投資富力這種有品牌、有規模的全國性地產商，只要估值合理，回報應該不差。

富力經過反復考慮，認為紅籌重組在項目換證、政府審批、納稅負擔等方面難度太大，決定繼續推進 H 股上市進程。就在富力通過港交所的聆訊、準備開始路演的關鍵時刻，國務院在 2005 年 3 月 26 日公佈了“國八條”，要求抑制房價過快上漲。5 月 9 日，國務院宣佈，購買住房不足兩年轉手交易的個人“炒房者”應繳營業稅，形成了監管的兩記“組合拳”，使房地產市場的投資氣氛驟然惡化。

富力上市箭在弦上，要做決策。瑞信和摩根士丹利猶猶豫豫，先是說招股價要降到 8 倍市盈率才能上市，在和幾家投資機構洽談後，又說 5 倍市盈率才可能勉強上市。

思廉簡直不敢相信自己的耳朵：就在幾個月前，兩家投行還信誓旦旦地表示，一定能以 15 倍市盈率上市，今天形勢一變，估值竟然掉到只有 5 倍了！

富力決定暫停上市。

黎輝和我分別從摩根士丹利和思廉那裏聽到消息，覺得是個機會。宏觀調控雖然打擊了市場情緒，但不會影響富力的基本面，市場一旦回暖，它的價值還會顯現。我馬上乘火車去廣州，到思廉辦公室去問他的想法。

思廉對目前的情況非常失望。富力為了上市耗費了巨大的精力和時間，手裏的 H 股上市批文還有一個月到期，錯過了這個窗口，審計報告和其他一系列材料都要更新，等於重來。我說，我們很理解他的心情，即使暫緩上市，華平仍然可以投資一到兩億美元，解決公司的資金需求，等機會成熟了再上市。如果他還想衝刺一下，華平也可以作為基石投資人力挺富力。

思廉聽了，眼睛一亮："那太好了！不過，投行說現在上市只能拿到 5 倍市盈率，我肯定不能接受。富力現在每月利潤將近 1 億元，全年 10 億。我們最低也得要 8 倍市盈率。我們明年的利潤能翻一番，這個發展速度是很恐怖的！"

"很恐怖"是思廉當時常用的表述。他告訴我，富力明年 20 億元的利潤很有把握，因為售樓合同已經簽署，預付款也已收到，只等交樓後確認收入。

我心裏盤算：今年 8 倍的市盈率，估值 80 億元，相當於 10 億美元。根據我們地產同事的分析，富力即使馬上停工，把所有項目立即清算，價值也至少 80 億。如果按這個清算價投資，怎麼也不會虧。

我向思廉表示：如果用 8 倍市盈率定價，華平可以認購一億美元。

思廉興奮起來，大致盤算了一下：如果市盈率從 15 倍降到 8 倍，融資額也相應減少一半，到 2.5 億美元，華平認購 1 億，富力的朋友和合作夥伴投資 5000 萬，剩下 1 億美元讓兩家投行包銷，就能上市。

我和思廉笑了：如果這兩家世界頂尖的投行，連 1 億美元的股票都發不出去，那也太無能了吧！

思廉當場打電話給兩家投行，向他們解釋了我們的想法，問他們，如果華平牽頭認購，8 倍市盈率上市有無可能？

過了一天，瑞信和摩根士丹利回話：歡迎華平願作為基石投資者認購 1 億美元，它們同意啟動上市，估值以華平認購的價格為準。

富力上市峰回路轉，“拋磚引玉”後華平退出

2005 年 6 月 30 日，富力趕在 H 股上市批文到期的前一天開始路演，第一站是香港，之後去新加坡。兩家投行在路演上強調，深挖中國價值投資的華平集團承諾認購 1 億美元的富力股票，說明富力的市場價值。投資者開始對這隻股票產生興趣，7 月 7 日的倫敦地鐵炸彈襲擊造成 52 名乘客遇難的消息導致股市大跌 7%。富力的路演正好來到倫敦，市場氣氛恐慌，不少訂單都被撤回。

那天是周日，我在深圳和朋友打高爾夫球，在果嶺上正要推杆，口袋裏的電話振動起來。原來是摩根士丹利中國投行部主管竺稼打來的。他說，倫敦恐怖事件造成投資者擔憂，影響富力上市的訂單，希望華平此時提高認購金額，給市場注入信心。

我當即回答：問題不大。

華平把認購額度提高到 1.25 億美元的信息被摩根宣傳為“聰明”的資本仍然看好中國住宅市場，對接下來的路演起到了正面的影響。爆炸事件導致其他 IPO 推遲或取消，反而使繼續招股的富力受到了投資者的關注。一周後，思廉一行到美國路演，市場氣氛轉暖，投資者重返市場，富力的認股突然搶手起來，到了最後一站紐約，居然實現了超額認購。

為了保守起見，兩家主承銷商把價格定在詢價區下端的

10.80 港元。在分配股票時，它們電話通知我，給華平分配的額度從認購的 1.25 億美元降到了 5000 萬美元。

我一聽就火了：這不是過河拆橋嗎？上市前，它們需要華平支持的時候，跑來找我認購 1 億美元，又加碼到 1.25 億美元，現在股票超額認購了，它們就來砍份額，這也太不講信譽了。摩根士丹利的股票市場部的人向我解釋，交易所規定，上市發行認購的最大三家不得超過總額的 50%，所以他們最多只能分給華平 6500 萬美元。

2005 年 7 月 14 日，富力地產在香港聯交所主板掛牌上市，華平佔股 6.1%，成為張力、李思廉之後的第三大股東。首日交易，收盤價格 11.15 港元，微漲 3.2%。

富力在如此艱難的市場環境中逆勢而上，很大程度上得益於華平的鼎力相助，張力和思廉十分感激。上市成功後，他倆在北京富力城的會所宴請藍迪、我、黎輝和另一位紐約來的合夥人，開了一箱珍貴的 1982 年拉菲紅酒，大家開懷暢飲。

我們的頂風投資得到了市場的印證。隨著內地房地產市場的轉暖，三個月後，富力的股價迅速上漲到每股 30 港元，讓我們擔心市場是否過熱。我讓遲淼做了一個香港上市地產企業過去 20 年平均估值的分析，發現富力目前的市淨率和市盈率都已高於行業的歷史水平，有可能進入泡沫階段。

我們決定開始減持。但由於富力發行的是 H 股，流通量很小，找不到大宗交易的買家，我們只能從市場上小額散售（dribble out）做起，積少成多，慢慢刺激交易量。等到股票交易活躍起來，摩根士丹利才去找機構投資者，幫我們做了幾次大宗交易，將華平持有的富力股票悉數售出，獲得了三倍的收益。

由於持有時間短，這個項目的內部回報率（IRR）高達 700%。

可是，人算不如天算。我們退出後，富力股價繼續攀升，最高點超過每股 100 港元。如果我們等一年退出，總收益能達到 9 億美元；反過來說，十五年後，2023 年 9 月，富力的股價跌到 1.31 港元，市值還不到 50 億港幣。

這說明，市場有漲有跌，投資有賠有賺，沒有人能抓住最低點進人，最高點退出。我們能做到的，只是“見好就收”。

● 退出富力十年後，與李思廉在富力總部合影

10

第十章

房地產與資本

房地產行業是資本密集型行業。地產商在開發前要拿地，建造中要付工程款，推廣時要給宣傳費，售樓時要付佣金，整個過程中離不開資金的支持。大部分地產商都是用少量的股本撬動大量銀行貸款，靠快速周轉完成買地—蓋樓—銷售—還貸的循環，但如果碰上政策變化或金融危機，它們的處境就會非常艱難。

2004 年 8 月 31 日發生了一件改變整個房地產行業的大事件：中央政府宣佈，所有經營性用地出讓必須實行招拍掛制度（所謂“831 大限”），地塊拍賣要求一次性付清地價，蓋樓封頂後才能開始預售。這些規定使開發商對資金的需求陡然增加，缺乏融資渠道的房地產企業將無法開展業務，能上市和發債的開發商優勢凸顯。

宏觀調控和金融危機之後，已上市的房地產企業和沒上市的企業明顯拉開了距離。上市者打通了融資渠道，能夠發行新股和債券，而且因為經營和財務信息相對透明，在向銀行貸款和利息方面都有優勢；當然，如果上市公司擴張過快、借債過多，也會在銀根收緊和利息上漲的情況下陷入危機。

坐失融資良機

投資富力的成功，為華平總部建立房地產板塊注入了新的動力。華平的地產負責人麥克借富力高額回報的東風，啟動了地產基金的融資，同時在倫敦、紐約和香港建立地產投資團隊。亞洲的團隊由我幫助招聘，首先入職的是美國通用電氣資本（GE Capital）東京分公司的總經理菲利普・明茨（Philip Mintz）和他的部下 Joe Gagnon（中文名叫周知），然後把兩位顧問 Thomas Nam 和遲淼轉為正式員工，加上沃頓剛畢業的王倩，組成了中國地產投資團隊。

他們的第一個項目是與陽光 100 聯手，在成都做一級住宅地產開發。陽光 100 是一家全國性地產商，創始人易小迪早年在海南和馮侖、王功權、劉軍、王啟富、潘石屹六人創立萬通地產公司，以“江湖方式”合夥，“商人方式”退出傳為佳話。分家時，萬通廣西子公司劃到易小迪名下，改名為陽光 100，專做中檔住宅開發。

在眾多房地產商中，小迪是少有的“清教徒”：不抽煙、不喝酒、不唱歌、不打牌、生活低調簡樸。我第一次見他就發現他很有見解，做事一板一眼，十分穩健。我問他對陽光 100 的期待，他說要把它做成千億級的大公司。我說，如果目標如此宏大，他應該盡早計劃上市；但他不以為然，覺得公司規模尚小，等做大了再考慮上市不遲。

這個平穩發展的想法，使小迪後來坐失了上市良機。

內地地產企業上市其實很複雜，需要相當長的時間來做準備，尤其是要走海外控股的紅籌結構。華平和陽光 100 在成都一級地產開發上的合作非常成功，取得了小迪的信任，雙方簽署了戰略合作協議，確定由華平幫助陽光 100 把一個省的資產先轉到華平控股的一家海外公司下面，然後逐步注入陽光在其他省份的資產，最終形成紅籌結構在海外上市。可是，小迪按部就班的做法，使資產注入的過程拖得很長，聘請既稱職、又能得到他的信任的 CFO 也不太順利，一來二去耽誤了時間。

我們眼看著內地一批地產企業相繼在香港上市，融到了相當規模的股本金，但陽光 100 還沒準備好。等到 2008 年，陽光 100 終於做好了紅籌結構和其他方面的準備工作，全球金融危機的爆發使上市的窗口驟然關閉，再好的企業也融不到資。

問題還不止是宏觀經濟和股市。陽光 100 早年時有創新，在行業頗有名氣，到了此時，在香港上市的內地地產企業已經超過幾十家，陽光 100 已經不再具有特色及賣點，讓投行在宣傳時感到進退兩難。

錯過了中國地產的鼎盛期，陽光 100 在 2013 年勉強登陸香港股市，但恰似“強弩之末”，股價和估值始終萎靡不振。它的經歷，再次印證了“機不可失，時不再來”的至理名言。

負債擴張的拖累

在內地房地產界，綠城中國有限公司（簡稱綠城）以一流的品質聞名。即使是同一地塊，綠城的住宅售價也比競品高15%—20%。從1995年公司成立之初，創始人宋衛平就以房子的質量、美觀和舒適作為第一目標，為了追求完美，他可以不惜代價、不計成本。綠城此匠心精神建造了杭州的丹桂花園、金桂花園、銀桂花園、月桂花園等小區，都被譽為經典之作。

宋衛平性格直率，敢講、敢衝、敢殺，在商場、賭場上都喜歡放手一搏。他興趣廣泛，酷愛體育、圍棋和橋牌，是地產界一個色彩鮮明的人物。

2006年3月，綠城上市在即，主承銷商摩根大通找到華平，希望我們做基石投資人。對於綠城，黎輝和我早有耳聞，不過對宋衛平的"豪賭"性格有些擔憂，一直沒有和他接觸。綠城的資產質量得到我們地產團隊的高度認可，他們認為綠城的在建和規劃中的項目將在未來三年釋放兩至三倍的利潤，使今天的上市價值顯得很有吸引力。

為了摸清綠城的實際情況和公司管理的流程，摩根大通安排我和宋衛平及他的搭檔壽柏年當面交流。壽柏年是宋衛平在杭州大學歷史系的同班同學。宋聰穎過人，興趣廣泛；壽是好學生，成績優秀。畢業後，壽柏年去中國華能集團浙江公司任總經理，宋衛平創建綠城後希望有個做財務管理和對外融資的搭檔，慷慨地贈送了綠城40%的股份來邀請老壽擔任綠城的總裁。

"我是好學生給壞學生打工。"壽柏年曾笑稱。入職後，二人分工明確：宋衛平負責開發，包括拿地、規劃、設計和營銷，壽柏年負責財務管理和融資。他曾經說過："資金方面的困難，能夠在我這個層面解決的，就讓我來解決，儘量少給宋董添麻煩。"

此後十數年，這兩個性格迥異的同學配合默契，老宋在台前做領袖，老壽心甘情願在幕後做助手，也稱得上是一對"黃金搭檔"。

到了杭州，迎接我的是壽柏年。他身材高大，短平頭髮裏黑白雜陳，嗓音深沉，給人一種穩重厚道的感覺。在陪我參觀綠城的項目的路上，老壽把綠城的詳細情況向我介紹了一遍，但我更關心的是老宋會不會因為好賭而荒廢公司的業務。

老壽沒有隱瞞老宋的愛好，只是告訴我，老宋很有自制力，給自己設定了一個賭錢的上限，讓老壽控制給他錢的額度，把公司和私人的現金全都交給老壽控制。老壽還舉了一個例子：有一次老宋和幾個朋友約好了去賭場，總額裏給老壽留了一份。他們幾個人先到，很快就把自己的額度輸光了，但老壽三天以後趕到時，發現他的那份錢始終沒碰。對於一個好賭的商人，這是多大的忍耐力！聽了這段話和老壽的保證，我放心多了。

傍晚，老壽帶我來到西湖邊的一座洋房會所。胖乎乎、笑瞇瞇的宋衛平快步走過來和我握手。剛一上桌，他就端著茅台酒杯勸我乾杯，自己也不停地豪飲。其實宋衛平是個工作狂，平時很少出來應酬，把所有時間都用在看地、構思、設計、選材和蓋樓上，經常工作到凌晨才睡覺，連壽柏年找他都不容易。

見完了敢打敢衝的老宋和穩扎穩打的管家老壽，我們對綠城信心更強了。2006 年 6 月，綠城掛牌上市，華平作為基石投資人認購 7000 萬美元的股份，佔股 6%。沒出幾個月，綠城的股價就從每股 8.22 港元的招股價上漲到 18 港元，讓我們喜出望外。

可惜的是，我們沒有意識到，老宋雖然沒有去賭場下注，卻在地產市場上放手拚搏，不甘堅守高端精品的定位，而是放出豪言，要在在數年內趕超萬科。他為了快速發展，連續舉牌拿下昂貴的最佳地塊，綠城的土地儲備從 800 多萬平方米猛增至 2520 萬平方米。但由於事先沒有和老壽商量好資金安排，這樣的迅猛擴張綳緊了資金鏈，老壽使盡了各種招數募資，從銀行借貸、高息債券到信託產品和明股實債的合作，無一不用。

債務融資、缺乏股本是內地民企在高速發展中常犯的通病，而在綠城，老宋追趕萬科的賭博使綠城的資產負債率高達 88%，超過行業平均水平一倍以上，幾乎斷送了綠城的性命。

靠借債築起的大樓，經不起狂風暴雨的吹打。綠城上市後半年，新的一輪房地產調控開始，政府推出了即時交付土地增值稅、提高居民購置第二套房的首付款等一系列緊縮政策，房地產市場進入寒冬，又遇上 2008 年的金融危機，香港上市的內地房地產公司的股價全線下跌。

綠城的股票首當其衝，被認為是 "宏觀調控下最有可能倒下的房地產企業"，股價一落千丈，傳言說銀監會正在調查綠城的信託融資，準備關閉它的這條的 "逃生路"。面對綠城陷入 "調查門" 的流言，老壽緊急接受路透社的電話採訪，否認綠城面臨危機，宋衛平也在綠城網站深夜發文："意在感謝諸位，也向大家報告，綠城目前一切尚好。"

其實，綠城當時正在經歷 "賣兒賣女的逃荒年代"，不惜降價、出賣項目，找金主，以十萬火急的速度賣出了一堆優質資產，包括無錫和杭州的綠城蘭園、新華造紙廠、上海東海廣場二期、外灘 8—1 項目的股份等。

但綠城但股價仍在下跌，到了每股 2.20 港元。為了挽救“兵敗如山倒”的態勢，綠城急於有人撐腰，我也希望撮合它與實力雄厚的杭州企業新湖中寶合併。新湖中寶的業務範圍很廣，包括零售、珠寶、地產和投資，董事長黃偉和宋衛平是經常對弈圍棋的棋友。我想，黃偉擅長資本運作，宋衛平精於地產開發，如果兩家公司合作，宋衛平統管新湖中寶和綠城的房地產業務，黃偉負責資本市場，豈不是天作之合？

對於這個想法，新湖方面積極主動，約了綠城的管理層一起商討潛在合作方式，讓我請高盛和富達律所研究香港和內地上市公司合併的技術問題，尤其是估值。新湖中寶在 A 股上市，市值比綠城高三倍，但老宋心高氣傲，肯定不會同意按市值合併。黃偉十分大氣，提出願意給綠城高於市價兩倍的估值，以現金加換股的形式合併。如果成功，兩邊在內地和香港都有上市公司，是一個創舉。可惜綠城沒有往這個方向探索，而是選擇了另一條路：引進香港的老牌地產商九龍倉集團作為戰略股東。九龍倉是包玉剛的女婿吳光正控股的地產和零售集團，旗下有地產、電信和連卡佛商場等業務。它投資綠城 50.98 億港元，佔股 24.6%。消息公佈當天，綠城股價大漲 32%。

我們吸取了綠城剛剛上市時股價高位沒有套現的教訓，抓著九龍倉入股的機會，迅速出售了所有綠城股票。收益 1.7 倍，回報率 14.7%。雖然不如投資時預想的那麼順利，但經過了生死線上的掙扎，能夠全身而退，已經相當慶幸。

古人說，“成也蕭何，敗也蕭何”，綠城的成功，歸功於老宋的理想和執著；它走下坡路，也因為老宋的豪賭冒進。假如他一直堅持綠城高端、精品的定位，不去追求規模，發展會非常穩固、健康。我看到了他自我節制和老壽制衡他的一面，但沒有預料到他會為追求“地產一哥”地位而放手一搏，最後反受拖累。

人的性格很難改變。我們退出後，綠城又經歷了大起大落的沉浮：同意將控股權賣給融創控股權，不久又反悔；幾經周折，最終綠城還是花落國企，引入中交集團作為控股股東，老壽退休，老宋轉而經營新創立的藍城房產集團，但規模和影響力絕非昔日可比。

“一箭雙雕”變成“蹉跎自誤”

在家居零售行業，紅星美凱龍（以下簡稱紅星）是絕對的龍頭老大。我第一次見到創始人車建新是 2006 年 9 月，在華平北京辦公室。車建新個子不高，人長得很斯文，說話帶有濃重的江蘇口音。他出生在常州一個普通農民家庭，初中畢業後去常州市學木工，後來從親戚那裏借來 600 元，開了一間家具作坊。由於工藝良好，款式新穎，他的家具很快就銷售一空。1991 年，車建新租下 1000 平方米的場地，開設了常州市第一家大型家具專營商場——“紅星家具城”。當時內地的家具建材市場裏，品牌、雜牌與偽劣商品並存，而紅星首創“品牌捆綁式”經營，在全國率先推出“所有售出商品由紅星美凱龍負全責”的服務，踐行“無理由退換貨、先行賠付、綠色環保”等承諾。紅星將中國傳統商鋪與西方的購物商城相結合，推出情景化佈展 + 體驗式購物的家居 Mall 新模式，規模迅速發展到 37 家商場，銷售額達 106 億元。

那時紅星已經在和二十多家投資機構洽談融資，其中摩根士丹利進度最快。華平是遲來者，為了搶到這個熱門項目，我們把估值調高到 8 億美元，提出投資 2 億美元，佔股 20%，並在新店開設和財務管理方面提出了不少建設性的看法，給車建新留下了很好的印象。

還沒入股，我們就因為一個文化差異上的問題，差點丟了這個項目。根據商務部的新規定，1 億美元以下的外資項目審批權下放到省級政府，為了節省時間，我們把這項投資分割為天津和上海兩個項目報當地政府審批，但因為新規定的細則尚未公佈，地方政府不受理，商務部又說權力已經下放，兩邊踢“皮球”，拖了一年還沒拿到批文。車建新認為注資拖延太久，要求調高估值；菲利普堅決不同意，認為審批拖延並非華平之過，此時來重談估值，是誠信問題，為此我們應該終止投資流程。我的看法不同：在等待審批期間，公司的價值確實有所提高，車建新的要求並不過分，更不應該質疑他的誠信。聽了我的分析，菲利普明白了對方的想法，也就同意了。

2008 年 2 月 4 日，華平與紅星美凱龍在上海舉行了投資簽約儀式。會後，車建新親自陪我參觀了他在上海的旗艦店。這家店有六層樓高，入門即是挑高至頂的大堂，中間還建了一個被 LED 屏環繞的電動扶梯，穿過一樓到六樓的各層家居建材零售商場，五樓有一個未來家庭展示館。這個由日本公司設計、耗資 2 億元的展館展示未來 50 年的人類生活，步入館裏，就像跨進了外星人的未來世界，顯現他們的家庭起居室、臥室和餐廳的佈置、家具和電器裝置。

關於這個展館，我們團隊也和車建新有不同看法。做盡職調查時，他們認為這個展館投資太大，不產生效益，要把它放在我們的合資企業之外。車建新不同意，說這個館是我們做宣傳和市場的樣板，能吸引來很多政府官員參觀考察，觸動他們請紅星來自己的屬地興建商城的願望。只要在開新店的地價上每平方米稍微優惠一點，這個展館就足以體現它的價值了。我們的同事後來認識到，從企業經營的角度來看，他肯定是對的。

車建新需要的是幫他建立內部管理流程，改變事事都要他親自過問的狀況。公司的新項目缺乏論證和分析，一切決策都要車建新來做。根據華平的提議，公司內部成立了一個項目審查小組，從財務角度審查所有新項目，經過論證和分析再做決策。在財務管理上，我們請華平紐約的 IT 專家飛到上海，為紅星選擇 ERP 系統提供諮詢。華平的財務專家幫助紅星完善了連接業務和財務的 IT 系統，提高了財務系統的效率和可靠性。

不過，紅星最迫切的需求還是融資。紅星的經營模式是先斥巨資買地、建大型商場，然後招商入夥，逐漸提高租金收入，直到穩定期。這種模式需要大量前置資金的支持，所以車建新一直花大量時間和銀行和信託打交道，但僅靠借貸不能滿足融資需求，還必須上市募集股本資金。

紅星上市有兩條途徑：一是用紅籌或者 H 股結構去香港掛牌，二是在內地 A 股上市。去海外上市速度快、效率高，但需要搭建結構或者通過協議把銷售和利潤轉到海外控股公司；在內地上市審批過程漫長，而且不確定性很高。車建新的看法不同，他認為紅星是本土企業，無論從品牌的角度還是看估值，都應該在內地上市。

出於對車建新的尊重，我們同意申請 A 股上市。後來的事態發展證明，這個選擇使紅星的融資耽誤了八年，尤其是受了另一個決策的拖累。

那就是進入住宅開發。

隨著城鎮化的浪潮席捲全國，紅星的家具商城越開越多、越開越旺，周邊引來大量人流，把原先郊區的地段都帶旺了，附近住宅的價值也隨之上漲。車建新從這裏看到了商機，決定在申請商城用地時附帶批出住宅用地，讓商城帶旺樓市，住宅反過來又能刺激家居和裝修，紅星可以一箭雙雕。

車建新成立了紅星地產開發公司，專門在紅星賣場周圍開發住宅。這家地產公司發展迅猛，不到三年就在北京、上海、天津等城市形成了 1200 萬平方米的土地儲備，但同時也使集團的負債總額增加到 168 億元，資產負債率達 70%。

2010 年，紅星正式啟動 A 股上市程序，在候審名單上排第 800 多位，預計兩年掛牌，但沒想到因為業務中含有房地產開發，擱置審批。車建新為了力爭上市，決定把房地產開發公司從上市實體裏剝離出來，讓家居零售業務先行上市。這個硬性拆分的過程非常痛苦，需要把家居零售和房地產開發兩個本來互補互惠的業務在管理、財務上徹底分割，還要減少關聯交易，花了整整一年時間才完成。不巧的是，分拆後的紅星連鎖家居剛開始單獨申報上市，又迎面撞上了號稱史上最嚴的 IPO 財務大檢查，A 股 IPO 審核陷於停頓。

等了兩年，我們和車建新都覺得沒有希望了，開始考慮轉戰香港。正好那時中國證監會傳遞給投行一個信息：希望 A 股排隊、但符合條件的公司轉向 H 股上市。紅星立即響應，很快撤回了 A 股上市申報，轉而申請香港 H 股上市。

三個月後，2015 年 6 月 26 日，車建新在香港證券交易所敲響了上市鐘聲，慶祝紅星成功發售 5.44 億 H 股，每股定價 13.28 港元，融資 69 億港元。

兩天後，紅星在香港香格里拉酒店舉行上市慶祝酒會，紅星的高管團隊、客戶代表、上市的各個中介機構、主要投資人等數百人歡聚一堂。上市的聯席保薦人中金香港證券、高盛和摩根士丹利均派高管蒞臨，祝賀紅星終於修成正果。

壓軸的講話者是車建新。他首先感謝了各路朋友的關愛和支持，然後特別提到了華平為紅星做出的貢獻，說沒有華平團隊的幫助，就沒有紅星今天的成功。

車建新講得樸實、真切，我聽了感觸良多。2006 年華平投資入股時，紅星只有 37 家店，到 2015 年已經發展到 160 個商場，令所有股東驕傲。但是，紅星也為資本市場的選擇和住宅開發過於激進付出了一定的代價。

房地產與資本的橋樑

我投資房地產行業多年，和很多地產商結成好友。雖然這個行業很容易被外界誤解，我對地產商卻十分尊重和佩服。只要看過地產商開發前的郊區荒地、工廠廠房、海邊沼澤的狀況的人，都會被數年後地產商憑眼光和魄力建成的小區、高樓和商場而震撼，從心底裏佩服這些現代城市的建造者。我作為一個在地產行業獲利的投資者，也一直想為行業做些貢獻。

2006年春節後，聯想旗下的融科智地公司的總裁陳國棟去廣東惠州休假，邀我同行。我們白天打高爾夫球，晚上泡溫泉，頗為放鬆。在聊天中，我說我覺得地產行業需要建立與資本聯繫的橋樑，也許我們可以成立一個行業協會？陳國棟覺得是個好主意，但有點擔心：內地已經有幾家房地產協會，再辦一家，能吸引會員嗎？

我說，我看過其他地產協會，它們或是官辦機構，或是地產商抱團，我想辦的協會是和金融投資機構聯絡的平台，讓地產商的項目和金融家的資金對接，這樣應該有吸引力。

陳國棟擊掌稱好，表示全力支持。

回到香港，我按照創立CVCA的經驗，寫下成立"中華房地產投資開發商會"（China Real Estate Developers and Investors Association，簡稱CREDIA）的構想。這也是一家非營利性行業協會，會員將包括房地產開發商、金融機構和其他中介機構，希望通過促進會員之間的溝通、學習和交流，成為行業資源共享的平台。

2006年9月，華平在上海郊區的美蘭湖度假酒店舉辦融資研討會，邀請了十幾家房地產開發商參加，我計劃利用這個機會，啟動地產商會。

美蘭湖坐落在上海羅店北歐風情小鎮，是上海第二大人工湖，波光浩渺，建有國際聞名的高爾夫球場和國際會議中心，是香港上市公司上置集團的董事長施建精心打造的休閒、聚會的去處。

研討會的主題論壇由我主持，請來摩根士丹利首席經濟學家謝國忠和一位以敢放話聞名的企業家兼學者對話。謝國忠大談城市住宅存在泡沫，隨時可能崩盤；那位地產學者列舉了大量數據和案例予以反駁，兩人針鋒相對，誰也說服不了誰，其他的地產商也都紛紛發表意見，會議的氣氛反而變得更加活躍。

一天的論壇結束後，我做總結，問大家：我提議成立一個地產商會，定期舉辦像今天這樣的研討會和會員之間的交流活動，大家覺得可行嗎？

在場的地產商有馮侖、李思廉、施建、陳國棟、曾偉、榮海、黃偉、車建新、易小迪、歐亞平、周忻等等。對我的建議，大家紛紛表態支持，還建議把入會門檻提高，只允許有一定規模、計劃和國際資本的地產企業加入，入會費 80 萬人民幣，以保證會員質量。

我做了幾個月的籌備工作，於 2006 年 10 月正式註冊成立“中華房地產投資開發商會”。基於 CVCA 的經驗，我還是把這個組織註冊在香港，邀請廣州富力、融科智地、綠城集團、新湖中寶、上置集團、棕櫚泉控股、雅居樂、百仕達集團、陽光 100、西安海星集團、上海中凱集團等十幾家開發商作為創始會員，還吸收了華平、高盛、摩根士丹利、瑞信、德意志銀行、安永、畢馬威、易居中國等頂級金融和中介機構作為協理會員加入。

我請融科置地的董事長陳國棟任首屆理事長，自己擔任常務副理事長，與秘書長王謙和副秘書長吳暘一起，加上上海辦事處的 4 位專職人員，負責商會所有活動和安排。

我組織的商會第一場活動是去香港向大型房地產商取經。

2006 年的香港房地產市場，經過了 50 年間的大起大落，已經與倫敦、東京、紐約等世界城市並駕齊驅，經營住宅和商業地產的九龍倉、新鴻基、新世界集團、嘉里集團、中信泰富、恒隆地產等老牌香港房地產商，積累了豐富的發展經驗。

這些企業的掌門人都是香港的大亨，約他們見面很不容易。我不認識他們，也沒有找投行介紹，而是直接以華平董事總經理兼中華地產商會常務副理事長的名義寫信給香港各大地產商，表明內地地產企業來香港取經和探討合作的誠意，附上我們會員的名單和簡介，請他們撥冗接待。

出乎我的意料，這些地產商對我盲投的信函反應很積極，很快就回信表示歡迎我們到訪，並指派專人跟進。

拿到了這麼多香港知名地產商的反饋，說明他們非常重視內地的地產市場，這令我十分興奮。接下來，我在安排拜訪日程時發現，這項工作比我想像的複雜得多。各家公司大老闆的時間安排都非常緊張，又希望設午宴或晚宴招待我們，分別協調和錯開見面的時間、地點，其實很不容易。經過兩周的反復溝通，我終於確認了與香港地產大亨郭鶴年、鄭家純、黃志祥、陳啟宗、吳光正、梁振英、榮智健等會面或進餐的時間和地點，把日程表和報名通知發給 CREDIA 的會員。雖然商會剛剛成立，大家對這次高規格的安排反應非常熱烈，所有會員都回函確認參加。

2007 年 1 月 7 日傍晚，CREDIA 訪港團到達香港，在港麗酒店集合，乘大巴前往信和集團董事長黃志祥在山頂的豪宅。黃先生攜四名子女設宴為我們接風，並把他們一一介紹給內地來的嘉賓，囑咐他們虛心向內地地產的前輩請教。黃志祥家族是來自新加坡的商人，家產超過千億元港幣，但生活十分低調樸素。黃先生自己和孩子出門常坐地鐵或打出租車，對朋友卻慷慨大方。此次商會訪港團員近二十人，他慷慨地請大家全部免費入住他旗下的港麗酒店。

第二天一早，我們移步到隔壁的香格里拉酒店拜訪嘉里集團。年近八旬的郭鶴年老先生率他的三子一女和董事會全體成員站在大堂門口迎接我們，和我們的會員一一握手寒暄。在酒店明亮的會議室裏，郭老先生顯得格外精神矍鑠。這位來自馬來西亞的華僑用普通話做了開場白，然後請嘉里集團的總裁黃小抗詳細介紹嘉里集團。黃總裁的國語講得非常流利，他說嘉里堅持地產開發一半出售、一半持有，始終把握資金回籠和租金收入的平衡，才能抵抗市場動盪的風險。嘉里還奉行多元化經營的策略，在香港和亞洲其他地區發展住宅、寫字樓、酒店和物流，包括家喻戶曉的香格里拉酒店。介紹結束後，郭老先生謙虛地說，香港企業不熟悉內地，很多地方要向我們的會員學習。他一直和我們團員交流了四個小時，還親自主持午宴並和大家一起合影留念。

下一站是去見恒隆集團的董事長陳啟宗。他的父親來自廣東順德，在香港創建恒隆地產奠定了家族基業。陳啟宗身為富二代，擁有美國南加州大學的 MBA 學位，但生活簡樸低調，工作極其勤奮。他英文、廣東話和普通話都非常流利，同時擔任很多社會職務，包括亞洲協會理事長及香港分會主席、美國對外關係委員會、美中關係全國委員會、美國百人會、雅加達戰略與國際事務研究中心顧問委員會成員，還曾任世界經濟論壇理事會、艾森豪威爾基金會的成員、香港“一國兩制”研究中心執行委員會主席、香港地產建設商會副會長、香港安全與未來委員會非執行董事、亞洲企業領袖協會創始人兼榮譽主席等。

陳啟宗年過七旬，但精力異常充沛。他對以色列情有獨鍾，親自帶領中國內地和香港兩地企業家訪問以色列十幾次，為促進以色列和中國之間的友好關係做出了超常的貢獻。他經常發表演講，講話風趣又有哲理。這次會談也不例外。他告誡在坐的各位地產商，“財富如過眼雲煙，來得快，去得也快”，千萬不要為了財富而過於進取，因為“跑得快的兔子一定死，穩穩的烏龜一定贏；要花笨功夫，用烏龜的心態來做兔子的事業”。他說，如果內地的地產商不改變他們激進、靠借債高速發展的模式，早晚會陷入危機，最後剩不下幾家。現在回頭來看，他說的完全正確。如果我們的會員聽了他的告誡，摒棄高負債、高增長的發展模式，也許在 2019 年後的地產危機中不會受傷過重。

儘管代表團只在香港逗留兩天，我們的午餐和晚餐都分配不過來，因為多家香港地產商都希望宴請。九龍倉集團主席吳光正先生別出心裁地在豪華遊艇上請我們共進午餐，同時巡遊維多利亞港灣。那天風和日麗，代表團的成員們在中環登上遊艇，站在寬敞的甲板上眺望九龍和港島的摩天大樓，心情十分舒暢。

當晚，我們齊聚新世界集團旗下的君悅酒店，參加董事長鄭家純安排的晚宴，和他的公子鄭志剛和愛女鄭志雯見面，接觸了香港家族企業的下一代接班人。

香港老家族的教子之道給我們的印象很深。陳啟宗是香港排行第七位的富豪，和黃志祥一樣，要求孩子“立功、立言、立德”，保持勤儉的風格。他的兒子在上海實習時騎自行車上下班，他本人外出時也一直輕車簡從。鄭家純的女兒鄭志雯從哈佛大學畢業後，在華平紐約辦公室默默無聞地工作了三年，直到有一天她帶著父親去見公司領導，大家才知道她出身千億富豪之門。她調到我們香港辦公室後，和其他員工一樣刻苦拚搏，經常加班熬夜，沒有任何特殊待遇。吳光正的兒子吳宗權不僅和父親一起出席我們在香港的午餐，還積極參加 CREDIA 在內地舉辦的活動。黃志祥的三個兒子都從信和集團的底層做起，工資待遇和普通員工一樣，歷練多年後才升入集團管理層。黃先生曾經笑著對我說："他們想揮霍都不行，工資就兩萬港元一個月，只能省著花。"

這些香港富二代勤奮、努力、不張揚，與內地一些"富二代"炫富的生活方式有天壤之別。

我借 CREDIA 香港之行成功的東風，邀請了嘉里集團、新世界集團、九龍倉集團、恒隆集團、鷹君集團、華人置業、戴德梁行等香港企業加入 CREDIA，還請黃志祥、鄭家純、吳光正、梁振英、陳啟宗擔任商會的名譽理事長。出乎我的意料，這些在香港和亞洲赫赫有名的企業和人物都欣然接受了我的邀請。

趁訪港期間 CREDIA 會員齊聚的機會，我們召開了全體會員會議，會上大家公推富力集團董事長李思廉接替陳國棟擔任商會理事長。這個會長絕對選得正確。思廉上任後，對商會盡心盡責，15 年如一日，商會的每次活動都帶頭參加，而且動用自己的資源幫助商會擴大影響。

我為 CREDIA 設計的特色是國際性、專業性。除了成立之初的香港之行，CREDIA 基本上每年組織去國外出訪一次，足跡遍及新加坡、中國澳門、美國、日本、阿布扎比、迪拜、法國、俄羅斯、瑞典、荷蘭、以色列、中國台灣、烏克蘭、夏威夷等國家和地區。每到一地，我們都安排考察當地的房地產市場，和當地的企業家和商界、金融界同仁交流，也參觀名勝古跡，體驗異國風情。這些出行的人數一般都在 20 個人左右，僅限董事長和大股東級別的會員參加，使參與的地產大佬能在輕鬆愉快的氣氛裏參觀國外的名山大川、學習最新的技術和理念，同時還能和行業裏的朋友們隨時交流。

會員互訪互學是 CREDIA 的另一大任務。成立十幾年來，商會的理事們輪流作東，請大家去自己的公司考察、體驗，先後有陽光 100 請大家參觀在桂林開發的商業街、暢遊灕江山水；富力在惠州招待會員洗溫泉、打高爾夫球；綠城安排在千島湖上巡航；龍湖在重慶分享開發高檔住宅的經驗、品嚐川菜美食；河南建業安排參觀少林寺、觀賞“印象少林”的大型表演、欣賞洛陽牡丹；湖南美世界在湘江邊上辦煙花表演，享用湘菜；銀泰地產邀會員們光臨它精心打造的寧波柏悅居開業；福建陽光城安排我們在武夷山遊茶山；新疆華凌集團帶會員考察北疆的綺麗風光等，不一而足。

CREDIA 的一個重要使命是加深會員之間的交流和學習。為此，商會定期組織經濟學家來給會員開沙龍講座，請到了北京大學教授周其仁、國家統計局原總經濟師姚景源、瑞信銀行首席中國經濟學家陶冬、國務院發展研究中心金融研究所所長巴曙松、摩根士丹利經濟學家喬虹、高盛經濟學家王晟等專家來給會員講課，還針對高管舉辦稅務論壇和市場營銷技巧的課程和公共關係和人力資源的培訓。

一轉眼，我親手創立的 CREDIA 已經度過了 17 個年頭。進入 2023 年，中國房地產從業者，包括 CREDIA 的會員，都在經歷銷量大跌、估值縮水、債券違約、前途未卜等前所未有的考驗。考慮到整個行業的困難和我們會員的處境，我召開了一次理事會，提出了減少商會秘書處全職員工、降低薪酬，甚至關閉商會。但是，與會的理事明確表示，他們對商會很有感情，不能讓它因為市場困難而辦不下去。如果缺少資金，他們可以掏腰包來支持，思廉當場認捐 10 萬元港幣，其他理事也紛紛慷慨解囊。其實商會還有幾百萬港幣的存款，並不缺錢，繼續辦下去沒有問題。

CREDIA 理事們的鼎力支持讓我十分感動。我希望他們以自己的韌勁和奮鬥精神渡過難關。

11

第十一章

國美紛爭

2009—2010年，國美電器（簡稱國美）的大股東黃光裕和總經理陳曉爭奪控股權一事鬧得沸沸揚揚，國美陣營指責職業經理人陳曉趁大股東落難之機搶奪控制權，陳曉稱他和投資者試圖改善治理模式，打破大股東一股獨大的狀況，為所有股東創造回報。

有的學者認為，國美之爭是典型的"委託代理"問題的案例。"委託代理"（principal-agent theory）是美國經濟學家伯利和米恩斯提出的關於企業治理方式的理論。他們認為，經濟資源的所有者是委託人，負責使用及控制這些資源的經理人是代理人。當二者同為一人時，沒有任何衝突；但如果代理人是外聘的職業經理人，而且掌握了管理權和信息權，就可能造成二者利益衝突，甚至爭鬥。委託代理理論認為企業擁有者又兼經營的模式存在弊端，倡導所有權和經營權分離，企業所有者保留剩餘索取權，而將經營權授予職業經理人。

在中國，早期的民營企業的大股東同時也是管理者，沒有代理人問題。在引進外部股東和職業經理人後，大股東和小股東之間、委託人和代理人之間的衝突就可能出現。要解決這個矛盾，企業應該把股東和管理者的權益與職能分開，儘量通過股權激勵的方式，使代理人和委託人的利益一致。這是一個從家族企業到現代企業的轉變過程，如果把握不好，有可能引起紛爭，令股東和管理者兩敗俱傷。

黃光裕東窗事發，國美危機四伏

2008 年 11 月 18 日下午，我正在北京銀泰中心的柏悅酒店主持一個關於中美投資的圓桌會議，口袋裏的手機突然振動起來。我猶豫了一下，但還是拿出電話，瞟了一眼來電顯示，是國美電器總裁陳曉。這個電話要接！我快步走到偏廳，按下接聽鍵，耳機裏傳來他焦急的聲音："孫強，你在哪裏？趕緊過來，出大事了！"

我心裏一震，但來不及多想，急忙請別人替我主持會議，驅車直奔設在霄雲路鵬潤大廈的國美總部。一路上，我心裏七上八下，不知道究竟出了什麼樣的大事，使平時穩重沉著的陳曉如此緊張。

鵬潤大廈是國美的母公司鵬潤集團擁有的寫字樓，其中大部分樓層由國美使用，大堂側面還有一個國美的產品陳列室。我衝進電梯，直上 18 樓。這是集團總部高層辦公的樓層，一出電梯就看到“鵬潤集團”和“國美電器”兩面旗幟。黃光裕和陳曉各佔一個角落，通向他們辦公室的過道裏站著警衛，把守著通向老闆房間的必經之路。警衛認識我，直接帶我走進寬敞的總裁辦公室。

陳曉坐在一張碩大的辦公桌後面，夾著一支煙，示意我坐下，然後開口說：“昨天傍晚，黃總在公司樓下，正準備上車去參加李彥宏的生日派對，突然出現一群公安人員，把他團團圍住，跟著就帶走了！他的電話一直不通，下落不明。杜鵑和周亞飛也聯繫不上，不知道是不是也出了事。”

我的心猛地一沉。黃光裕是國美的董事長，杜鵑是他的妻子、公司的執行董事，周亞飛是國美執行董事兼財務總監。這三個人是公司的核心人物，他們同時失蹤，公司前途叵測！國美是一家上市公司，市值逾百億，它的安危牽涉到公司員工和股民的利益。作為公司的董事和高管，我和陳曉都驟然感到肩上的壓力。

陳曉，上海人，原永樂電器（簡稱永樂）的創始人兼董事長，2006 年與國美合併之後搬到北京，擔任國美集團總裁。記得併購永樂時，黃光裕曾經和我商量如何激勵陳曉，我曾建議：“黃總，你應該讓陳總享受和你同等的待遇，這樣他會心情舒暢，下面的人也會更尊重他。”黃光裕果真給陳曉裝修了和他自己同樣大小、同樣氣派的辦公室，買了一模一樣的邁巴赫超豪華轎車，還專門配了一位廚師，給來自上海、不太習慣北京生活的陳曉做可口的飯菜。

隔壁的會議室裏，集團副總裁黃秀虹（黃光裕妹妹）、集團執行副總裁王俊洲和負責媒體關係的副總裁何陽青正在起草一份致公安部、最高人民法院等部門的信函。陳曉讓我看了一下，大意是說黃光裕是國美的核心人物、著名企業家，他的安危影響到國美數十萬員工的生計，因此國美及其員工強烈呼籲立即釋放黃總。

我覺得這封信的語氣不太合適，直接動筆修改，強調國美的業務對電器廠商和銀行貸款的影響巨大，希望有關部門考慮國美合作夥伴的利益，幫助國美維持正常運營。

改完信，我和陳曉分別找朋友遞交給有關部門，然後討論面前的難題：如何穩住公司員工的情緒？如何爭取到供應商和銀行的支持，防止出現擠兌斷貨的危機？在找到合適答案之前，我們首先要防止信息外露，以防競爭對手趁火打劫。

世上沒有不透風的牆。11 月 20 日，多個媒體記者都收到了一條神秘的短信：國美老闆黃光裕和財務總監周亞飛已被公安局帶走，至今無下落；黃光裕的夫人杜鵑和一主要財務人員在逃。一時間，關於黃光裕的傳言不脛而走。

我和陳曉面對難題：作為上市公司，國美有義務向香港交易所報告重大變故；但我們說什麼呢？黃光裕被捕只是傳言，警方尚未證實，我們不知道公告該如何措辭。事關重大，我建議立即召開緊急董事會。

董事會缺包括董事長在內的三個關鍵人物，感覺很奇怪，但我們還是做了幾個決定：一是對外宣佈與董事長“失去聯絡”，二是任命陳曉為代理董事長，方威為代財務總監，以免出現管理真空，三是申請周一停牌，以防股價暴跌。因為隨時可能出現突發事件而來不及召集全體董事會成員開會，我建議設立一個特別行動委員會，密切關注黃光裕案對國美業務的影響，並隨時提出應對措施。

四天後，警方確認黃光裕被監視居住。董事會隨即發表公告，向市場證實黃光裕與周亞飛正在接受警方調查。三周後，我們獲悉杜鵑在瀋陽被抓，國美的另一名獨立董事也因為害怕受到牽連而匿藏。

國美異軍突起，借殼上市

黃光裕是個商業奇才。他原名黃俊烈，出生於廣東汕頭的鳳壺村。1985 年，剛過 16 歲的他就和哥哥黃俊欽一起，背著裝滿了收音機、電子錶等電子產品的旅行袋，從廣東坐火車去內蒙古販賣。一趟趟倒賣，使他有了積蓄，在北京珠市口盤下了一個 100 平方米的小店，取名“國美”。

這家小店先賣服裝，後來改賣進口電器。1987 年 1 月，黃氏兄弟正式掛出“國美電器”的招牌。他們的店面很小，不設庫存，貨品向廠家直接提取，所以周轉率極高。黃光裕在琢磨如何宣傳他的小店時，無意中發現《北京晚報》空白的中縫位置可以做廣告，而且價格非常便宜。黃光裕立刻把每天報紙的中空位置包下來，大做“買電器，到國美”的廣告，以低價電器招徠客戶，國美小店的生意頓時火爆。

“人與人之間是差不多的，差一步而已，有時是半步。”黃光裕說。

因為他搶先了一步，包下了本地報紙的全部中縫廣告位置，國美得以廉價促銷它的電器。那時國產電器剛剛崛起，急需通過零售渠道與進口品牌爭搶消費者的心態。黃光裕想出一招：在國美店鋪裏讓它們開設專櫃，負責供貨和推銷，國美只需要選點、開店、打廣告引人流。這樣，電器供應商有了向客戶直銷的渠道，國美則省去了鋪貨的資金，雙方相得益彰。

這個模式非常成功，黃光裕的國美電器逐漸擴大，在和他哥哥分家後，黃光裕獨自經營國美電器連鎖店。這時，他的妻子杜鵑加入公司負責財務。精明過人的杜鵑畢業於北京科技大學，說一口流利的英語，還有中國銀行的工作經驗，很快成為黃光裕與資本打交道的得力助手。

1999 年，國美以連鎖經營方式殺入天津和其他城市，門店總數突破 100 家，銷售額攀升至幾十億元，成為中國家用電器零售業第一品牌。為了加快擴張速度，黃光裕開始考慮資本運作，斥資買下一家香港上市的殼公司。2004 年，他把國美 65% 的股權注入這家殼公司，交易價值 88 億元人民幣，相當於國美 2003 年 1.78 億元淨利潤的近 50 倍，令市場憧憬快速增長。但是，交易完成後首次公佈業績，利潤只增加了 5.5%，股價應聲大跌 30%。

這個情況被華平團隊的冷雪松注意到了。他和同事分析，國美股價的下跌可能是借殼上市的定價過高，也可能是投資者對公司的治理機制有質疑。他們發現，國美在與股市投資者溝通方面非常欠缺，信息傳遞很不及時，也不夠透明，另外集團仍然持有 35% 的門店未裝入上市公司，但做整體採購，容易產生關聯交易和利益衝突。冷雪松認為，如果能在以上幾個方面有所改善，國美的股票將有相當大的上升空間。他去找杜鵑談了這些看法，建議國美引進華平作為戰略股東，幫助國美改善公司治理和投資者關係，爭取提升股價。杜鵑聽了很感興趣，準備安排黃光裕和我見面。

引入華平投資，改善公司治理

2005 年初夏的一天晚上，我在上海黃浦江邊的一家私人會所見到了黃光裕。他中等身材，衣著整齊，看上去一臉精明。年僅 36 歲的他，已連續兩年以個人財富超過 100 億元名列中國首富。

黃光裕客氣地請我到一個包間坐下，開了一瓶紅酒讓我品嚐。雖然是初次見面，他絲毫不隱瞞他整合國內電器零售行業的野心，也坦率地託出他在資本運作上的困擾。借殼上市後股價表現不好，他著急上火，親自去和證券分析師溝通，股票不升反跌，說希望聽聽我的高見。

這種情況其實在內地企業“走後門”上市後十分常見。空殼公司通常是殭屍股，無人關注，大股東注入資產後期待投資者給空殼重新估值，讓股價持續上升，但實際操作的難度很大。我幫黃光裕分析：現在股價低迷，可能有幾個原因：一是注入資產後的宣傳不夠，未能“洗清”舊殼原來的形象；二是投資者不了解國美在電器零售行業的地位和前景；三是投資者擔心國美的股東在炒作股票，擔心會掉進陷阱；四是沒有國際知名投行關注國美電器，也沒有像樣的研究報告提供給機構投資者，現在的股東都是短線的炒家和散戶，價格自然波動很大。

黃光裕覺得我說得很有道理，問我具體該怎麼做。我說，“好公司不一定是好股票”，國美經營得再好，在資本市場上也需要花功夫，要加強公司治理，聘請有影響力的獨立董事，同時引入戰略投資者，改變“一股獨大”的家族管理模式。公司應該儘快注入未上市的門店，消除潛在的利益衝突，同時加強公關工作，做好投資者溝通，消除借殼上市的負面影響。

他一邊聽，一邊點頭。我們談得很投機，不知不覺喝完紅酒，聊了兩個多小時。臨分手時，黃光裕誠懇地對我說：“聽了你的分析讓我信服，不管華平最終投不投資，我都希望你來當我的老師，教我怎麼和股市打交道。”

“我一定盡力而為。”我握著他的手說。

這時已經將近晚上 11 點，他把我送到門口，說他還要開會，上車走了。

華平內部討論是否投資國美時，大家都提到了它的優勢：國美是一個家喻戶曉的品牌，在電器零售行業佔有絕對的領先地位，團隊執行力超強，而且目前市場低估了國美的價值。但是，這家公司是家族式的管理，我們入股能否真正改善老闆“一言堂”的局面還很難說。如果我們幫助國美完成併購、加強治理，國美的股價肯定有升值空間，不過不一定能翻番。我們分析了同行業上市公司的估值，認為我們入股的價格不能超過每股 6 港元，要獲得 25% 以上的複合回報率，就需要加槓桿。國美本身沒有長期貸款，現金流很好，應該有較強的還款能力，如果國美發可轉換債券[1]給華平，我們可以把可轉債拆成兩部分：有利息

1 可轉債是一種有利息收入和償還期限的公司債券，持有人有權按照發行時約定的價格將債券轉換成公司普通股，也可以不行權，等到期滿收取本金和利息，或者在流通市場上出售變現。這種債券的利率一般低於普通債券，轉股價格則高於股票現價。

收入的債券轉讓給喜歡固定收益的投資者，因為支付利息的責任在國美；華平保留轉股權，未來可以賺取股價上漲的利潤。這樣，我們只需要出少量資金來補利息差，以換取未來增值的收益，等於給我們的投資加了數倍的槓桿。當然，這個結構也是雙刃劍——如果股價下跌，低於我們的轉股價，我們就會顆粒無收，只不過出資少了很多。

對於黃光裕來說，可轉債的轉股價通常高於市價，給市場一個利好的信號，即使要支付利息也值得。他同意了我們提出的投資結構，接下來要談判細節。

和做零售出身的企業家談判非常艱苦。華平的團隊由黎輝率領，國美方面是黃光裕親自出馬，雙方在利息、還債期限、違約懲罰、行權價格等細節上討價還價。討價還價是黃光裕與生俱來

2006 年華平與國美簽署投資協議，左為黃光裕，右為作者

的本事，他能一分一毫地磨、一條一條地摳，以極強的韌勁和黎輝談判，一直拉鋸式地談了兩個月，直到春節的前一天才達成最終協議。

2006 年 2 月 2 日，大年初五，國美在香港召開記者招待會，宣佈華平入股。黃光裕、杜鵑和我一起坐在一張鋪著白布、擺著話筒的長桌後，身後上方掛了一幅“華平、國美戰略聯盟”的橫幅。黃光裕首先發言，表示希望華平把國際準則帶進公司，強化國美的公司治理，爭取把國美剩餘門店的業務儘快注入上市公司。杜鵑接著介紹了交易細節：國美向華平發行 1.25 億美元的 5 年期可轉債，年息 1.5%。可轉股價 6.40 港元，相對成交前 30 個交易日平均股價溢價 16.8%。同時，華平將斥資 300 萬美元購買面值 2500 萬美元、有效期 5 年的認股權證，行權價為每股 7.70 港元，超出 30 個交易日平均股價 40.51%。

我在發言中強調，華平希望協助國美加強公司內部管理，將指派一位代表進入國美董事會，並與另外兩名獨立董事一起組成“獨立委員會”，要求大股東定期通告在改善公司管治、公正處理關聯交易等事項上的進展。如果出現違約現象，華平有權立即要求贖回可轉債。

香港市場對華平投資國美的反應非常正面，公告後翌日，股票復牌交易，大漲 40%。

開完新聞發佈會的第二天，黃光裕見到我，笑著問：“你什麼時候來國美上班啊？”

“上什麼班？”

“你不是答應要幫助國美改善財務管理嗎？那就要來幹活啊！”

我笑答：“活是要幹，但不是我來幹。我們一起找一個既有經驗，你又能信得過的財務總監吧。”

公司的財務當時由集團的財務總監周亞飛代管，其實不符合上市規則。黃光裕爽快地同意讓獵頭公司找人，但要找合適稱職的候選人，工資還不能高於國美現有的高管太多，實在很不容易。黃光裕面試了幾個人都不滿意，開玩笑地問我：“財務總監是華平要求找的，那他的薪酬是否應該由華平來付？”

我也半開玩笑地回答：“如果你讓我們當國美的控股股東，當然願意付啦。”

財務總監沒找到合適的人選，董事會增補獨立董事倒是有進展。我推薦了一個能說流利漢語的老外湯姆・曼寧，再加另一位澳洲來的獨立董事，對提高董事的素質和改善董事會討論的內容都有幫助。

不過黃光裕還是改不了他做事武斷、說一不二的風格。由於他在大方向和戰略上看得比所有人都遠，管理層和董事們也都服氣，很少提反對意見。我卻不同。作為新董事，一方面要尊重他的意見和威望，一方面也要保護華平和其他小股東的利益，在重要問題上如果看法不一樣肯定得表達，導致和黃光裕不時產生衝突。

我們入股後不久的一天，黃光裕在董事會上提出，要把國美的股票一股拆成四股，說這樣能吸引更多的散戶，刺激交易量、拉高股價。說完，他眼睛在會議室裏巡視一圈，無人提出異議。正常情況下，這就等於通過了。

我本不想當面反對，但覺得拆股影響到股東利益和公司形象，這樣決定有點草率，猶豫了一下，還是開了口：“黃總，我明白你拆股的意圖，但我覺得應該慎重行事。國美現時的股價不高，如果拆成四股，每股只有一元多，萬一下跌，很有可能變成'仙股'（penny stock），讓機構投資者不敢碰，股價反而下跌。要不暫時先放一放，找投行分析，看看過去香港上市公司拆股以後的表現再說？"

黃光裕顯然不悅，但也無法反駁我的意見，只好同意讓投行拿出一個分析再議。

會後，他把我叫到辦公室，說："你以後如果有不同意見，能不能在會下提？"

我說："那你得提前和我溝通呀。如果到了會上才提，馬上要決定，我只能當場表態。"

事實上，投行的分析表明，過往幾年香港公司拆股後的表現絕大多數都不理想，黃光裕也就沒有再提拆股的事。

過了兩個月，黃光裕找我，說他準備在董事會上提出將尚未上市的 35% 股份注入上市公司，讓我提前表態。對於這件籌劃已久的事，我當然支持。

可是他沒提簽約的條件。開董事會時我才得知，黃光裕要求上市公司一簽約就馬上向集團支付 30% 的定金。併購時付誠意定金是慣例，但很少見到這麼高的比例，且收款方是黃光裕持有的集團公司，這樣左手倒右手的關聯交易很可能引起小股東的反感。

看到其他董事沒吱聲，我只好發表我的意見："黃總，注入股份是件大好事，我完全贊同，只是這項交易，兩邊的大股東都是你本人，收這麼高的定金，恐怕不合適吧。"

黃光裕臉色一沉，說："收定金是併購慣例，有什麼問題？"

我說：“不是不能收，是吃相不好看。向上市公司注入你自己的門店，不應該比市場慣例高吧？通常收購的定金在 10% 左右。”

來回爭論了幾句，把黃光裕惹火了。他一按桌子，站起來說：“我不管了！你們愛怎麼辦怎麼辦吧！”說完拂袖而去，弄得在場的董事們面面相覷。

會議室裏一陣沉默。我建議其他董事也發表意見，再請董事長定奪。大家討論了一番，都建議把定金降到 10%。董事會秘書帶著這個意見去找黃光裕，他揮了揮手，說：“就這麼辦吧。”

2006 年 3 月 29 日，國美宣佈以 8.96 億美元的對價，向集團收購 35% 的非上市門店，其中現金佔 2.24 億美元，加上 6.7 億美元等值的國美股票，黃光裕在國美的股份上升至 75%。

收購永樂，稱霸行業

黃光裕早就有一統電器零售天下的野心。

2006 年春節，他和永樂的陳曉、蘇寧電器（簡稱蘇寧）的張近東、大中電器（簡稱大中）的張大中、五星電器（簡稱五星）的汪建國等行業巨頭在上海聚會，提出成立“全合公司”聯合體的倡議。這個會議全程保密，不讓帶秘書和手機，黃光裕力推五家公司合併的好處，說可以停止價格戰、減少廣告投放、提升利潤，等等，但也透露出他希望在這個聯合體中坐頭把交椅的意圖。蘇寧的張近東提出找一家中立的財務投資者來做第一大股東，五星的汪建國正在和美國的百思買（Best Buy）接觸，當然不願被聯合體束縛。五巨頭各有各的算盤，雖然表面贊成，心裏卻不想推進，談到最後也未能對大聯合的方案達成共識，疲憊不堪的大佬們只好作罷，各奔東西。

回到老巢，五巨頭依舊在電器零售市場上拚殺。2006 年 4 月 2 日，在國美和中央電視台主辦的國美全球家電論壇上，蘇寧總裁孫為民聲稱蘇寧和國美“是永遠的天敵”，而黃光裕則回應“同行間可能很難共生共存”。不久，全球最大的美國電器零售商百思買宣佈出資 9.45 億元人民幣，取得五星電器 51% 的股權，吹響了行業整合的號角。

黃光裕決定加快他的收購步伐，目標是上海永樂電器。

永樂電器是 1996 年陳曉帶領 47 名同事在公司瀕臨破產時買下來改制而成的，七年就建成為一家有 108 家門店、120 億元銷售的連鎖企業，在行業排第三。永樂在引進摩根士丹利作為股東時做了業績對賭，不久後在香港聯交所上市，市值達 51 億港元。創始人陳曉佔股 15%，以 20 億港元的身價排在胡潤中國富豪榜第 66 位。上市後永樂積極向外地擴張，爭取達到對賭約定的業績，但新開的店舖虧損嚴重，導致永樂整體業績下滑，股價下跌。

2006 年 3 月初，黃光裕讓我去他辦公室商量併購計劃。我剛坐下，他就急切地說：“永樂的股價下跌是我們的一個機會。陳曉和投資人有業績對賭，現在看來肯定達不到目標，如果他對賭失敗，要轉股給投資人，股價壓力會更大。我們應該借這個機會把它買下來。”

我說：“說的有道理。不過，我剛查了一下，永樂現在市值 50 億港元，加上收購的溢價，估計得過 60 億，相對於 3 億的利潤，會不會太貴？”

黃光裕笑了笑，回答："我做過分析。根據我掌握的情況，永樂的實際利潤大概只有 1.2 億，算起來市盈率會超過 50 倍，確實很貴。但是，這只是靜態的分析。"

他站起來，走到一塊白板旁邊，用黑筆在上畫了兩個圈，說："這是永樂上海區，很賺錢，有 5 個億的利潤。這是永樂在外省的店鋪，基本虧損。外省的虧損吃掉了上海的利潤，所以整體利潤只有 1 個多億。"

他果斷地用紅筆在永樂外省店的圈上打了一個大叉，說："收完永樂，我把這些虧損店一刀砍掉，利潤不就回到四五個億了嗎？而且吃掉一個競爭對手，不和國美打價格戰了，兩邊的利潤都能上升。我再實行聯合採購、品牌差異化，永樂的利潤還能提高，收購的實際市盈率就會降低。"

這個動態分析讓我十分佩服。

黃光裕問我："併購後我肯定能提高利潤，但短期內國美的每股盈利還是會受影響。投資者會怎麼看？作為股東，你們會支持嗎？"

我想了想，回答："投資者有的看短線，有的看長線，散戶和對沖基金一般只看一兩個季度。華平是長線投資者，如果看三年以後，國美加永樂，絕對控制北京和上海兩個市場，競爭對手就免談了。到那時，市場能看清兩家合併的戰略意義，會重新評估國美，股票一定升值。我肯定支持，不過，永樂會賣給你嗎？"

黃光裕胸有成竹地說：沒問題。

他約了陳曉見面，先探探口風。陳曉正在為業績對賭的事發愁，與國美合併是一個辦法。對黃光裕提出的合併提議，陳曉沒有拒絕，只是說要看具體條件。

黃光裕知道，陳曉需要考慮收購價格、合併後的管理架構等一系列問題，肯定不會馬上同意。他的策略是“邊打邊談”，用市場上的壓力逼陳曉就範。

一場貓抓老鼠的遊戲開始了。國美開始在市場上和永樂拚價格、搶客戶，擴大永樂的虧損，逼陳曉上談判桌。不出黃光裕所料，事情不久就有了突破。

四月一個星期五的早上六點，我起床打開手機，看到幾個未接電話和一條短信，都是黃光裕在凌晨三四點鐘發來的。我當即回他電話。

話筒裏傳來了他異常興奮的聲音：“成了！我和陳曉談了一夜，談成了！”他大致講了雙方合併的設想，說怕夜長夢多，想下星期就對外宣佈。

我聽了一愣，說：“祝賀黃總！不過，下周公佈肯定來不及，我們得讓財務和法律專家來做公告的準備工作。”

黃光裕說：知道了，你馬上挑選顧問吧。

擔任大型併購項目的財務和法律顧問報酬豐厚，企業通常都會“貨比三家”，請幾家投行和律所來競標。我們時間太緊，沒有時間“選美”，我馬上打電話給我熟悉的兩位併購專家，請他們第二天去北京和黃光裕見面。

雖然是周六，高盛公司的約翰·萊文（Johan Leven）和富爾德律師事務所（Fresh Fields）的羅伯特·阿什沃思（Robert Ashworth）還是拋開了手頭的事，從香港飛到北京。

在國美辦公室裏，黃光裕介紹了國美併購永樂的大致計劃，然後請教二位下一步該做哪些工作。他們都認為，發公告之前必須把合併的方式和細節確定下來。由於兩家都是上市公司，如果用股票作價收購，換股的比例取決於雙方的相對估值：假設國美的市值是 100 億港元，永樂的市值是 50 億港元，那麼換股的比例就是 2：1，即 2 股永樂股票換 1 股國美股票。但是，如果兩隻股票還在繼續交易，相對市值產生變化，換股的公式也要調整；所以在成交前的談判過程中一定要嚴格保密，防止走漏風聲而引起股價異動。

黃光裕極其聰明，一聽就明白了。他決定聘請高盛和富爾德擔任財務顧問和法律顧問，成立一個項目小組。為了保密起見，高盛給兩家公司起了代號：國美是 "Great"（偉大），永樂是 "Joy"（歡樂）。在兩家顧問制定合併方案、開展財務分析和盡職調查的同時，黃光裕和陳曉繼續談判收購細節及整合方案。

這兩個人都嗜煙如命，談幾個小時就抽幾個小時的香煙，經常談到晨曦泛起。有時碰到專業問題，他們叫兩位顧問參加，走進屋裏，老外感到煙霧瀰漫，熏得直眯眼。

黃光裕原來希望幾天後就能對外公佈，結果談了兩個月才敲定細節。好在保密做得滴水不漏，兩邊的股價都沒有出現異動，換股比例也無須調整。

2006 年 7 月 25 日晚 7 點 30 分，黃光裕與陳曉攜手出現在北京鵬潤大廈的國美總部，宣佈了一項爆炸性新聞：國美以 52.68 億港元的總價收購永樂，每股支付 0.17 港元的現金及 0.3247 股的國美股票，黃光裕在合併後的集團公司佔股 51.1%，陳曉及管理層持有 12.5%，華平佔 5.4%。

併購完成的最後一步是通過中國政府剛剛推出的反壟斷審查。根據 2006 年 9 月 8 日開始正式執行的《關於外國投資者併購境內企業的規定》，如果一家企業佔到 50% 以上市場份額，即形成壟斷的特徵。為了確定併購是否構成壟斷，商務部舉行了邀請業界多個單位參加的聽證會。出席會議有蘇寧、大中、五星等家電零售企業。與會者或表示反對這項併購，或對合併後國美、永樂的渠道優勢表示擔憂，氣氛負面。

這兩家零售巨頭的合併是否形成壟斷，取決於從哪個角度審視。當時，國美、永樂加起來的門店總數近 650 家，營業額近 650 億元人民幣，佔有北京 70%、上海 80% 的市場份額。在這兩個地方市場上，國美與永樂的市場份額超過了反壟斷規定中的 50%，確實形成了地方市場的壟斷。但是，如果從全國家電零售市場來看，兩家公司合計佔有的市場份額不超過 15%，並不構成壟斷。

國美花費了極大的精力攻關。商務部經過審查，認為兩家公司合併沒有造成壟斷，宣佈批准這項交易。

2006 年 11 月 22 日，新國美電器集團董事長黃光裕和首席執行官陳曉在北京的媒體發佈會上聯袂亮相，陳曉在講話中向媒體透露，他剛與黃光裕簽了人生的第二個對賭協議：如果 2007 年新國美的銷售額達不到 1000 億元人民幣，稅後利潤達不到 23 億元人民幣，他就下崗。

合併伊始，陳曉面臨的第一個難題是新國美的董事會人選。按併購前約定，永樂方應得兩席董事，但此時黃光裕變卦，要求陳曉只派一席董事。根據他的計算，如果永樂方佔了兩席，按股權比例國美應佔五席，獨立董事也需要相應增加，一來二去，董事會人數就要大大增加。我知道了，馬上去找黃光裕，表示堅決反對董事會人數超過 11 人，否則無法有效運作。黃光裕答應不加人，但有他自己的處理方式。

幾天後，陳曉告訴我，他已答應一人進董事會。

在整合兩邊的業務方面，他和陳曉配合默契，大刀闊斧地關掉了 100 多家虧損門店，並全力推行聯合採購和差異化管理。新國美實現了銷售額和利潤同時增長，市場地位和門店數量也都上了一個新高度。

股票套現起風波

黃光裕不僅做生意極其精明，在資本市場上也長袖善舞。自從國美借殼上市後，他除了積極併購、擴張版圖以外，還投資了房地產和國內上市公司。從 2004 年到 2008 年，他抓住國美股票上升的節點，幾次減持股票，累計套現 120 億港幣。

併購半年後，國美的股價從每股 6 港元漲到了近 12 港元。

2007 年 5 月 11 日下午，陳曉正在香港主持國美的業績發佈會，突然有人給他遞了一張紙條：傳言國美的股東馬上要做股票配售。

陳曉離開會議室，撥通我的電話，急切地問："市場在傳有個股東準備大量配售股票，是華平嗎？"

我丈二和尚摸不著頭腦："沒有啊，如果華平要賣股票，我一定會事先跟你和黃總打招呼的。"

"那就奇怪了。今天上午開董事會時，黃總也沒提起過要賣啊，那是誰呢？我正在介紹公司業績，希望投資者買入，如果有大股東同時在賣，會很尷尬。"

過了 20 分鐘，我接到杜鵑的電話，她通知我，黃總馬上要做一筆大宗交易，出售 23 億股國美股票，一個小時以後開始執行，歡迎華平參與配售。

果然是黃光裕在賣！我馬上打電話去問公司：“為什麼不早點告訴我們？”

回答：“怕走漏風聲，影響交易。”

我無語了，只好立即通知團隊開會，緊急啟動內部程序，參與配售。這次售股使華平的團隊明白，人股東的利益和我們並不一致，是時候考慮退出了。

六個月後的一天，國美股價突然上漲 10%，升至每股 19 港元，創歷史新高。華平團隊決定啟動配售，計劃賣出價值 1 億美元的股票。我們找了幾家投資銀行詢價，結果花旗銀行的報價最優惠。為了不影響市場，配售通常在下午 4 點收市後進行，但投行也需要提前和投資者接觸，尋求訂單。在正式啟動前，我打電話給羅伯特律師，問他還有什麼需要注意的事，他建議出於對管理層的尊重，最好先跟國美的董事長和首席執行官打個招呼。

黃光裕接到我的電話，爽朗地笑著說：“祝你成功，恭喜賺錢！”

陳曉的反應卻完全不同：“啊？你現在賣，時機不合適吧？過兩天要開緊急董事會，商量一件大事。”

他這一說不要緊，我就得到了馬上要開緊急董事會的消息。這算內幕消息嗎？

我馬上打電話給羅伯特，問他的意見。他認為，開董事會本身並不構成令市場敏感的內幕消息，但外人看公司董事，常常會以結果為導向。萬一股價因為董事會後公佈負面消息而下跌，我們正好提前賣出了股票，很難保證不會被追究。

權衡了利弊，我立刻通知花旗銀行，停止配售。

此時是下午 5 點，花旗銀行的銷售團隊已經初步錨定了一些買方，眼看著就要到手的佣金要付諸東流，當然不願意緊急剎車。雙方開了幾個電話會，他們堅持要我給出停止配售的理由，我只能讓律師去解釋，一直鬧到晚上才平息。

兩天後，國美果然召開了緊急董事會。原來陳曉和黃光裕在高度保密的情況下談定了收購大中電器的方案，需要董事會批准。

大中電器是國美在北京的競爭對手，在全國有近百家門店，大股東張大中本來已經同意以 30 億元人民幣的估值把公司賣給蘇寧，但由於收購流程拖得太久，黃光裕和陳曉看到有機可乘，便以 36.5 億元的高價吸引張大中投入國美的懷抱。為了繞過上市公司的審批程序，他們用一家非關聯方公司進行委託收購，資金來源是向上市公司借款，簽完合同才上董事會討論。

正當國美收購永樂和大中後高歌猛進之時，黃光裕和他的哥哥黃俊欽卻遇到了麻煩。

2006 年 10 月 30 日，有媒體披露“國美主席兼執行董事黃光裕就中國銀行北京分行總額約人民幣 13 億元的非法貸款接受調查”，謠傳黃俊欽被抓，黃光裕被限制出境。面對外界的猜疑，11 月 1 日，國美的大股東鵬潤集團先發表聲明，澄清“國美電器、鵬潤地產及黃光裕本人到目前為止沒有受到任何一級公安部門的調查”，但相隔不到一天，又再次發表聲明稱“黃光裕間接擁有的投資公司現正協助中國政府機關調查”。

此案緣於 1997 年。據指稱，黃俊欽與中國銀行北京分行行長牛忠光合謀，以不正當手段從中行北京分行套出約 2 億元人民幣，黃光裕則利用大量個人購房者的身份證向該分行辦理虛假按揭，取得約 3 億元的資金，用於解決他的地產項目北京鵬潤家園的資金緊缺問題。“黃光裕被查”的消息不脛而走，自然引起在國美有 20 多億元應收賬款的家電供應商的恐慌。為了防範國美風險，不少供應商開始收縮賬期、控制應收賬款的比例。

我聽到這件事，十分擔心：如果黃氏兄弟真的惹上麻煩，肯定對國美會有影響。我馬上飛到北京去找黃光裕了解情況。在國美董事長辦公室裏，黃光裕和我坐在長沙發上，長談了一下午。

“目前我最關心的是企業的安全，不要讓事情影響到國美的發展。”他開口說道。

“你指的是所謂的銀行騙貸案件吧？作為股東和董事，我也十分關心這個案件，希望對案件有個全面的了解。”

“華平是國美的合作夥伴，我不會對你們有任何隱瞞的。我把事情的前因後果講給你聽，以後會隨時向你通報最新情況。”黃光裕兩眼直盯著我，誠懇地說。

據他解釋，當時房產開發用個人名義申請按揭的做法很普遍，雖然是擦邊球，但並不違法，而且迄今他已經歸還了四個億中的兩個億，剩下的會很快還清。他誠懇的態度和及時和我溝通的承諾使我懸著的心放了下來。

一個月後，黃光裕興奮地打電話給我，說剛接到北京市公安局的通知，說非法借貸一事已經結案，他是不是應該對外闢謠？

我問：“你拿到了公安局的書面文件嗎？”

第二天，黃光裕傳真給我一份有北京市公安局印章、確認對他的調查已經結案的公函。我一方面為他高興，另一方面建議：不要特意宣佈調查結束，而是借下周國美在香港召開業績發佈會之機，直接現身會場，讓他被限制出境的謠言不攻自破。

黃光裕點頭同意。

國美的業績發佈會通常是波瀾不驚的例行公事，但黃光裕此次的突然現身，成了媒體爭相報道的一大新聞。

一波未平，一波又起。2008 年 7 月中旬，黃光裕又碰上了麻煩：香港證監會向國美董事會發來函件，詢問黃光裕在國美回購的同時減持股票的緣由，指稱這可能損害小股東的利益，甚至違反香港交易所的規定。雖然減持股票是黃光裕的個人行為，但由於涉及國美董事會授權的回購計劃，我們所有董事都要配合調查。

我是新成立的特別委員會主席，有責任了解此事的來龍去脈，為此專門約了黃光裕面談。他在國美總部附近的一家高級餐廳訂了個單間，請我吃午飯。我記得很清楚，那天是 2008 年 10 月 20 日。

黃光裕和我聊了兩個多小時，從股票回購一直聊到他對競爭對手的看法。很明顯，黃光裕的性格就是要爭第一，無論是零售還是地產，他的企業都必須做到龍頭老大。我問他，蘇寧最近採取了與供應商合作的策略，改善了服務質量，業績有所上升，國美如何應對？黃光裕對此嗤之以鼻，反問我：蘇寧是老二，不這麼做怎麼生存？國美是老大，就得有老大的氣派。他認為，國美應該讓供應商站隊，選蘇寧的就不能再用國美的零售渠道，這樣才能壓倒對方。

話題轉到剛剛出爐的胡潤富豪榜，黃光裕蟬聯中國首富，我向他表示祝賀，但也提醒他，要小心“槍打出頭鳥”，太出名了會有麻煩。

他不以為然，說：“你不明白，當了首富，國際影響更大，反而安全。”

我沒吱聲，心裏卻為他捏了一把汗。

此後不到一個月，黃光裕就被帶走了。

國美岌岌可危

黃光裕失聯後，一夜之間，局勢驟變，國美從行業頂峰突然跌到資金鏈斷裂的懸崖邊緣。在銀監會提示警惕國美的風險以後，銀行對國美的授信額度從高峰時的 70 多億元驟降至 20 億元，流動資金突然告急。像國美這樣依靠貨品快速周轉贏利的企業，對依靠流動資金進貨，銀行授信下降，會直接影響支付供應商貨品的能力。如果供應商拒絕讓國美賒賬，國美缺乏現金就無法進貨，門店無貨可賣，這個零售帝國可能會土崩瓦解。

大難臨頭，陳曉和集團管理層急得團團轉。春節在即，國美急需備貨，但有 30 億元貸款的缺口，如果競爭對手看到我們缺乏資金，在這個節骨眼上勸供應商切斷貨源，國美的處境將更加艱難。

在內部管理會上，陳曉說，為了解決短期資金缺口，他可以用個人擔保來爭取銀行 10 億元的貸款。運營總監王俊洲表示，加快存貨周轉能節省 5—8 億元的流動資金需求。他們緊張地觀察蘇寧的一舉一動，生怕它說服供貨商縮減給國美的供貨，卡斷我們的命脈。出乎意料之外，蘇寧並沒有走落井下石的這一步，給國美留下了喘息之機。

國美董事會出現了黃光裕、杜鵑這兩個失聯董事的空缺，董事長也缺位，需要立即補上。黃光裕也許有先見之明，在出事幾個月前臨時讓他的老臣王俊洲和魏秋立增補為執行董事，但還需履行手續。

2008 年 11 月 27 日下午 1 點，陳曉在鵬潤大廈 18 層的小會議室裏召開董事會。陳曉剛宣佈會議開始，情況就出現了戲劇性的變化。一位律師走進會議室，自我介紹說他叫鄒曉春，是黃光裕的私人律師，要求出席董事會。他出示了幾個月前黃光裕親筆簽字的文件，授權他在緊急情況下代表黃光裕行使對於鵬潤投資、鵬潤地產、國美集團和國美電器四家公司的股東權利。

在場的董事都十分驚訝，陳曉諮詢了公司律師後點頭表示許可。

為了應對國美面臨的危機，我提議任命陳曉為代理董事長，並成立由 3—4 名獨立董事組成的特別行動委員會（簡稱特委會），幫助陳曉分析國美的財務狀況及資金需求，拿出解決方案。儘管黃光裕的代表鄒律師表示反對，在場的董事經過了一番討論，還是通過了這兩項提議，推選我任特委會主席。

特委會馬上聘請了安永會計師事務所和嘉誠證券（Cazenove）作為審計和財務顧問，開始梳理公司的現金需求。他們分析的結果是，銀行貸款額度下降後，國美至少需要增加 10 億港元的股本金，才能保證正常運營。嘉誠證券建議使用股東大會授予的一般性授權，發行不超過公司總股本 20% 的新股，補充資本金。

我召集了一個華平內部會議，討論我們是否應該在國美急需資金時突擊入股。我們對國美的業務和管理層相對熟悉，之前的投資已經大部分獲利退出，此時再投回來，一是能解決國美的燃眉之急，二是有機會在市場恐慌、估值較低時進場，獲得較好的回報。當然，目前黃光裕和杜鵑失聯，我們不知道情況會不會繼續惡化，即使給公司雪中送炭，也必須防範風險，對它的財務和運營狀況重新審視一下再做決定。

我去找陳曉，表達了華平願意在此危機時刻，儘快完成一輪投資的意願，建議國美發行可轉債，同時進行供股[1]，達到補充股本金的要求。

收到我們的建議，陳曉說要找嘉誠證券商量，慎重考慮一下。

融資引發控股戰，國美內外刀光劍影

過了一周，陳曉來電話：因為股權融資事關重大，他和嘉誠證券決定多請幾家投資機構參加競價投資。我知道，一旦啟動公開競爭，我作為競價方之一，就不能再參加董事會對於融資方案的評估，因此我辭去了特委會主席的職務，並表示將在董事會上迴避一切關於融資的討論。

嘉誠證券向貝恩、凱雷、資本集團（Capital Group）、KKR、駿麒資本（Affinity Partners）、厚樸基金、華平、新天域資本、復興集團等投資機構發出了參加競標的邀請，提供了特委會準備的國美運營數據和財務數據，供各方參考。

一個月後，嘉誠證券收到了八家投資機構的融資方案。我們

---

1 供股（rights offer）是公司內部以優惠價格發行新股，所有股東均有權按持股比例認購，不參加者的股權會被稀釋。為了保證融資成功，一家或數家投資者（現有股東或新投資者）可以承諾“包銷”，即認購所有被放棄的供股份額。

聽說這些方案基本類似，都建議國美發行可轉債加供股，一共融資 2 億美元左右，轉股後佔公司 25%—30% 的股份。因為超過了國美董事會增發 20% 股份的常規授權，投資者提出的方案需要提請股東大會批准。

陳曉寫了一封信通過律師轉交給黃光裕，介紹了八家機構的融資方案，請他表達意見。黃光裕手寫了一份回函，大意是說為了保證企業安全，他支持股權融資，但必須保持控制權，不能被人惡意收購，具體方案請管理層和董事會定奪。

根據黃光裕的回覆和對不同投資方案的評估，陳曉和嘉誠從競投方中選出了華平、貝恩和 KKR 三個機構進入第二輪競標。貝恩和 KKR 都是美國大型併購基金。貝恩的合夥人竺稼曾經是摩根士丹利投資銀行部的董事總經理，參與過永樂的上市工作；KKR 的董事總經理劉海峰曾在摩根士丹利負責投資永樂，兩人都和陳曉打過交道。

陳曉沒有料到，一直旁觀的兩位執行董事王俊洲和魏秋立突然跳進來參與評估。他們向嘉誠證券要了具體融資方案，飛到香港去分別拜訪 KKR、貝恩、華平三家機構。來到華平，他們客氣地向我解釋：作為黃總的老部下，他們"受人之託，忠人之事"，必須在這個關鍵時刻保護黃總的利益，所以要出來直接和投資人接觸，了解我們的運作方式。

回到北京，王俊洲和魏秋立寫信給黃光裕，彙報了他們了解到的情況和對幾家機構的看法，請他明示。

這次，黃光裕的回信很快，口氣也格外堅決：管理層一定要保護公司和大股東的利益。

2009 年 4 月底，嘉誠證券收到了貝恩、KKR 和華平提交的第二輪競標方案，做了一份總結給管理層。據此，陳曉、王俊洲和魏秋立聯名給黃光裕寫了第三封信，詳細解讀了收到的三個方案：它們基本相同，都是以可轉債形式投資，轉股後佔 20% 的股權，然後國美發起供股，可轉債投資者作為等同普通股持有者參與供股和認購其他股東放棄的份額，二者相加，新投資者佔股最高可達 30%。三家基金的提出的轉股價區間約為 1.20—1.50 港元，供股價建議是每股 0.70—0.90 港元。

"五一"假期一過，陳曉叫我儘快去北京商量融資決策。我出了機場，直奔霄雲路的國美總部。走進陳曉的辦公室，透過一圈圈的煙霧，我看見他忐忑不安的神態。他告訴我，剛接到通知，黃光裕的回信當晚 6 點送來，可能有明確指示。

我們邊聊天邊等，等到 7 點半還沒有消息，便分頭去忙自己的事。

次日一早，我收到了陳曉的一份傳真，轉發黃光裕的親筆回信："陳總、王總、魏總，來函收到。我很理解你們的困難及做法，但如果是這種結果，將會喪失企業的控制權並帶來極大的損失……關於本次投資者的組合投資，我要求在任何情況下都不得引發公司的收購、重組。總之，要確保公司還在我們手中，不要被他們惡意收購了。具體條件你們要請蔡律師及嘉誠來做，多想辦法，確保我們的要求達到目標……在任何情況下，我和陳總加在一起的股權都必須超過 30%，否則寧可終止融資。"

此信語氣強硬，可以說是"一錘定音"。陳曉沒有找我商量，聽說王俊洲和魏秋立拿了一份他們起草的承諾書去找他簽字，授權他們按照黃總的指示去和基金談判融資條款。

隨後，我接到通知：5 月 21 日在香港召開董事會特別會議，審議最新融資方案。

20 日下午，王俊洲、魏秋立從北京飛抵香港，陳曉的飛機晚點，半夜才到。

21 日一早，國美財務部經理高群給我打電話，請我去香格里拉酒店陳曉的套房見面。

進了門，我看見陳曉站在客廳裏，臉色鐵青地和嘉誠證券的董事總經理石平交談。石平告訴我，前天王俊洲和魏秋立給三家機構挨個打電話，只問了一個問題：是否願意按照黃總的底線修改融資方案？KKR 和華平婉拒，只有貝恩回答可以考慮。

陳曉說，既然如此，就等貝恩的條件吧。

我聽到華平已經出局，沒有說話，轉身離開。

董事會預定在下午 3 點 30 分開始。步入位於香港中環中心 67 樓的會議室，我感覺到一種深奧莫測的氣氛。國美的董事們分坐在會議桌兩邊，等待三位執行董事現身，投資銀行和律師事務所的代表在後排的椅子上旁聽。

王俊洲、魏秋立和伍建華遲到了 15 分鐘，神色嚴肅地走進會議室。

董事長陳曉宣佈會議開始。他的話音剛落，王俊洲立即發問：“貝恩發來的最新融資方案，為什麼沒有擺在各位董事面前？”

沒等回答，王俊洲霍地站起來，轉向嘉誠證券的石平，質問道：“作為財務顧問，你們做事公正嗎？為什麼融資啟動六個月了，到現在仍然沒有結果？是不是有人借融資之名，想達到自己的目的？”

說完，他指著旁邊的員工說：“快翻！”那人嚇了一跳，趕緊把他的話原原本本地翻譯成英文給外籍董事聽。

很明顯，王俊洲話外有音。

我掃了陳曉一眼：他臉色蒼白，低頭不語。

王俊洲和魏秋立接著提議：立即撤換嘉誠證券，聘請羅斯柴爾德銀行為新的財務顧問，協助評估貝恩的新投資方案。

無人反對，決議通過。董事會秘書通知已在外面待命的羅斯柴爾德銀行代表進來參會。

我站起身，說："我有利益衝突，要迴避。"

陳曉點頭同意。我快步離開了會議室。

國美董事會一致同意和貝恩獨家談判，不到一個月就達成了協議。

6 月 22 日，國美召開新聞發佈會。貝恩董事總經理竺稼與國美董事長兼首席執行官陳曉一起現身，宣佈貝恩入股國美，細節是貝恩出資 18.04 億港元，認購國美新發行的七年期可轉債，轉股價為每股 1.18 港元。國美宣佈將於 8 月 3 日進行供股，認購價為每股 0.672 港元，是停牌前收市價的六折；如果有股東放棄供股，貝恩將獨家包銷，全數買進，並稱已獲得黃光裕承諾不參與供股。按照測算，如果原有股東全部放棄供股，貝恩的持股比例最高將增至 23.5%，黃光裕家族則可能由 35.5% 攤薄至 27.2%。注資後，貝恩將獲得國美董事會 11 席中的 3 席，以及首席財務官和法律顧問的提名權；如果貝恩失去任何一席董事會席位即構成違約，貝恩有權要求全額贖回可轉債並附加懲罰利息。

落幕：急流勇退，避開陳黃惡鬥

實力雄厚的貝恩基金入股國美當然是利好消息。6 月 23 日，停牌逾七個月的國美股票恢復交易，股價一路狂飆，全天大漲 68.75%。交易量大增，正好給華平機會出清了手中的國美股票。國美為了騰董事職位給貝恩，提出獎勵 20 萬港元鼓勵董事辭職。雖然我的董事任期未滿，我開玩笑地對陳曉說："無官一身輕，還能拿獎金，你不如和我一起辭了董事吧！"

陳曉一笑，說："我再留下一陣看看。"

我辭了職，貝恩提名了三位董事，接著開始供股。貝恩以為黃光裕已經承諾放棄供股，但他雖然身陷囹圄，居然殺了一個回馬槍：他以每股 1.705 港元的市價賣股票回籠了 4 億港元，用這筆錢全額供股，每股才 0.672 港元。這樣高賣低買，黃光裕賺了差價，還提高了持股比例，牢牢鎖定了國美第一大股東的地位。

2010 年 4 月 22 日，北京市第二中級人民法院公開審理黃光裕案，隨後宣判：黃光裕犯非法經營罪、內幕交易罪、單位行賄罪，三罪並罰，判處有期徒刑 14 年，罰金 6 億元，沒收財產 2 億元。8 月 30 日，北京市高級人民法院二審維持原判，其妻杜鵑改判有期徒刑 3 年，緩期執行。

二審結果還未公佈，黃光裕就開始為奪回控股權發起進攻。在國美股東年會上，黃氏陣營的代表投票否決了正式委任貝恩的竺稼等三名董事的議案。當晚，國美召開緊急董事會，強行委任貝恩的代表進入董事會，並宣稱如果不成，國美將構成違約，需向貝恩支付高達 24 億元人民幣的賠償金，並公開指責黃光裕夫婦使國美陷入重大危機。

黃氏陣營毫不讓步，要求召開特別股東大會討論他們的提議：罷免陳曉董事會主席的職務、取消董事會的增發授權、撤銷陳曉和孫一丁的董事職務、委任鄒曉春和黃燕虹為執行董事等。

陳曉陣營發起反攻，宣佈國美在香港法庭起訴黃光裕，狀告他在2008年回購股份時違反公司董事的職責，並向他索賠。

一時間，刀光劍影，戰火紛飛。黃光裕書面通知國美董事會，稱如果他的議案沒被通過，他將終止授予上市公司國美電器商標的使用權，令所有國美店舖失去招牌。同時，黃氏陣營在市場上大手買入國美股票，將持股比例增至35.98%，準備在投票時和對方決一死戰。

貝恩公開站到了陳曉一邊。它宣佈將15.9億元人民幣的可轉債權轉為國美9.98%的普通股，作為國美第二大股東參加股東大會投票，支持管理層。與此同時，雙方繼續在媒體上打口水戰。黃光裕放出狠話，要鬥至"魚死網破"；陳曉反唇相譏："魚可能會死，但網不會破。"

9月28日下午2點30分，國美股東特別大會在劍拔弩張的氣氛中舉行。當晚7時，公司宣佈投票結果：黃光裕提出的議案，四項被否決，只有取消董事會增發授權一項獲得通過。

雙方各稱獲勝，但行家認為最關鍵的議案是拿走了董事會的增發授權，這無異於折斷了陳曉陣營用來稀釋大股東的一支利箭，奠定了黃氏奪回控制權的大局。

果然，半年後，陳曉黯然辭職，大中創始人張大中接任國美董事長。2015年1月，貝恩基金將其持有的國美股票全數出售，並退出國美董事會，結束了六年的投資，也為喧囂多時的國美控制權爭奪戰畫上了休止符。

12

第十二章

從夢生到夢碎

比爾·蓋茨曾經說過：微軟的核心競爭力不是技術的創新，也不是戰略和管理，而是人才。

吸引和留住外來人才，是民營企業在發展中的最大挑戰之一。在發展的早期和中期，企業集股東、管理者職權於一身的治理方法頗有成效，如果老闆決策正確，企業就蓬勃發展；如果老闆決策錯誤，企業也跟著駛向懸崖。

民營企業的創始人要想克服自身的局限，和全球的企業競爭，就應該聘用和重用外來人才。如果企業創始人不能跳出原始團隊的圈子，留不住、也用不好職業經理人，即使佔了品牌、市場、資金的優勢，也會貽誤良機，淪為平庸，甚至走向破產。

匯源果汁就是一例。

“我現在變漂亮了，你來吧。”

2009年3月18日，中國商務部正式否決了可口可樂收購匯源果汁（簡稱匯源）的申請。這個消息像一枚重磅炸彈，把匯源的管理層和股東給炸蒙了。在香港交易所掛牌的匯源股票，一早開盤即大跌19.42%，從每股10.80港元驟跌至8.30港元。這是自《中華人民共和國反壟斷法》於2008年8月1日實施以來首個未獲通過的案例。

商務部審查了可口可樂提交的併購請求後判定：可口可樂收購匯源具有排除、限制競爭的效果，將對中國果汁飲料市場有效競爭和果汁產業健康發展產生不利影響。公告表示，在正式否決此項交易前，商務部曾與可口可樂就附加限制性條件進行了商談，儘管可口可樂提出了修改方案，但仍然不能有效減少交易對競爭產生的不利影響。

受商務部的否決刺激最大的，莫過於匯源集團董事長朱新禮。若交易完成，他能套現74億港元，把匯源交給世界上最優秀的飲料公司管理，自己功成身退。直到兩周前，他還信心滿滿，認為收購申請肯定能獲得批准。

消息一出，匯源的董事會和財務總監都急著找朱新禮，商量如何向股東和媒體表態，但怎麼都打不通他的手機。原來他竟然關了電話，回家種菜去了。

對於匯源的第三大股東華平以及我本人來說，這也是一個沉重的打擊。華平失去了上億美元的套利機會，我為撮合這項收購所花的心血也付諸東流。

此後幾個月，國內外的媒體、公眾和法律專家對這件事的評論和猜測鋪天蓋地，連我這個當事人之一也百思不解：究竟是什麼原因，導致這個金額龐大的外資收購項目胎死腹中？

故事得從頭說起。朱新禮是山東淄博人，曾任山東省沂源縣外經委副主任。1992 年，他接管了山東一家負債 1100 萬元、瀕臨倒閉的縣辦水果罐頭廠，將其主營業務轉為生產濃縮果汁。不久，他奇跡般地在德國食品博覽會上簽下了 500 萬美元的大單，由此生意火爆。1994 年，匯源總部遷至北京市順義縣[1]，創立了北京匯源飲料食品集團有限公司，逐漸把“匯源果汁”這個品牌推向全國。

匯源的成功，引起了遠在西部邊陲的新疆德隆集團（簡稱德隆）的注意。德隆是一個依靠併購高速膨脹的民營企業，創始人唐萬新靠他過人的精明和膽識把這家小企業發展成為資產超過 1000 億元的“德隆系”金融產業帝國。2000 年 9 月，唐萬新的哥哥唐萬平從新疆打電話找到朱新禮，向他描繪了一幅“以北京匯源為平台，通過收購兼並構建產業巨無霸”的藍圖。

這個雄心勃勃的計劃打動了朱新禮。2001 年 3 月，德隆以 5.1 億元現金出資佔 51%，匯源貢獻資產佔 49%，組建合資公司。有了德隆的支持，朱新禮豪擲近 20 億元，把果汁生產基地擴大到 20 餘家，還以 7670 萬元投放央視廣告，贏得果汁行業“標王”的稱號。

正在匯源高歌猛進的時候，德隆卻由於過度擴張而出現資金困難，開始從匯源抽借資金。起初借款只是 5000 萬元，後來漲到 2 億元，借款次數也愈趨頻繁，一直累積到 3.8 億元。這時，

1　1998 年改為順義區。

朱新禮意識到事情不妙，找到德隆大股東唐氏兄弟，要求他們退股。

"反反覆覆，老天的幫助……"

對於在德隆崩盤前跳傘，朱新禮事後這樣感慨道。為何是"老天幫助"？朱新禮說，作為合資公司的控股股東，德隆完全可以堅持不賣，但偏偏碰上唐萬平突發腦溢血，此後半年多都無法說話，唐萬新全心撲在他哥身上，才同意退出匯源。不論朱新禮是否有先見之明，他在唐萬新入獄、德隆轟然倒下之前脫離"德隆系"，確實是逃過了一劫。

但是，由於借債回購德隆的股份，匯源也背上了沉重的財務包袱，需要尋求新股東投資。消息傳開，美國的可口可樂和百事可樂、法國的達能集團、中國台灣的統一集團等行業巨頭都來求聯姻，尤其達能對匯源垂涎已久，在匯源與德隆合資前就提出過合資方案。那時朱新禮對達能中國區總裁秦鵬說："現在時機還不到，我需要在最漂亮時跟你合作。"

達能是法國老牌上市食品公司，以小食品、乳製品和軟飲料著稱。它從 20 世紀 90 年代中期開始，先後投資參股或控股了樂百氏、娃哈哈、正廣和、益力、光明乳業等飲料企業，對中國市場情有獨鍾。這時，朱新禮致電秦鵬："我現在變漂亮了，你來吧。"

同行業的跨國公司投資通常都是控股型的，而吸取了德隆教訓的朱新禮，不想在此時再交出控股權。在眾多追求者中，唯一不要求控股的大型食品飲料企業是台灣的統一集團。它和匯源在語言、文化和策略上都有相似之處，兩家公司一拍即合，於 2005 年 3 月 21 日簽訂協議，統一以可轉債的形式投資匯源 1.2

億美元，轉股後佔合資公司 20% 的股權。但是，台灣地區公司投資大陸公司必須取得台灣當局的批准，統一集團的申請遞上去整整一年都沒有批下來，不得以只好尋求退出。

朱新禮又要融資了。這一次，他決定不僅要回購統一集團的可轉債，還要將匯源的資產轉到境外，用"紅籌"結構去香港上市。

華平達能聯袂，力撐匯源上市

當時內地消費品概念大熱，匯源的融資成了熱門項目。摩根士丹利、美林、高盛、滙豐等投行和多家私募基金紛紛找上門來，華平也在其中。為了在眾多追求者中勝出，我們需要拿出朱新禮認可的方案，而公司估值是關鍵。

大部分投資者的估值方法都是以審計利潤作為基礎，但朱新禮考慮到匯源上市在即，不願意按過往利潤鎖定估值，以免上市股價大漲吃虧。我們針對他的這個擔心提出了與其他基金不同的方案：華平以 5 年期可轉債的形式投資，轉股價隨上市的時間和定價浮動：如果匯源在 6 個月內上市，轉股價與上市價相同；如果匯源在 6 個月至 1 年之間上市，轉股價低於上市價 15%；如果超過 1 年還沒有上市，轉股價鎖定為 2006 年稅後利潤的 16 倍，同時大股東對未來 2 年的利潤做出承諾，達不到就下調估值，即所謂"對賭"。如果可轉債 5 年到期，匯源仍然沒有上市，投資者可贖回本金加 10% 的單息回報。

這個方案正中朱新禮的下懷。他知道，如果匯源在 6 個月以內上市，這筆錢等於提前認購了股票，無折扣、無利息；假如一年內上市，15% 的折扣也不算很大。至於利潤對賭和最低回報，朱新禮很有信心完成。

華平看中匯源，主要是喜歡飲料行業這個賽道。隨著國人生活水平的提高和對飲食健康的日益重視，消費者喝純果汁的比例會持續上升，匯源在純果汁市場佔有率高達 40%，將成為這個趨勢最大的受益者。匯源擁有家喻戶曉的品牌和遍佈全國的銷售網絡，消費者非常認可。我們也注意到，匯源新建了很多基地和工廠，產能擴張，但市場營銷跟不上。華平是財務投資者，最好找一家飲料公司共同投資，在運營和銷售方面幫助匯源，萬一出了問題，還能接過管理。在我們接觸過的國際飲料公司中，只有達能願意作為小股東和我們一起投資。

為了幫助達能趕上進度，我們把已做完的盡調報告和我們發現的匯源在管理和市場營銷方面弱點都分享給達能，還共同制訂了一個幫助匯源改善經營的方案。

2006 年 7 月，匯源與華平、達能簽署投資協議，向兩家公司分別發行 6500 萬美元和 1.37 億美元的 5 年可轉債，年息 2.5%。轉股後，華平將佔股 12.5%，達能佔 22.18%。匯源董事會的 7 名成員中，達能佔兩席，華平佔一席。

在簽約前，我們為了能在匯源價值微漲的情況下也能實現較高回報，給可轉債加了槓桿。具體結構是把可轉債抵押給荷蘭銀行，換來 6240 萬美元的 5 年期無追索貸款，年利息 6%。這樣，我們只需要付 260 萬美元，就能拿到 6500 萬美元可轉債對應的轉股權，再加上補償可轉債 2.5% 年息和貸款 6% 年息之間的差價。只要未來匯源的股價升值超過每年 3.5%，我們的轉股權就能獲利；如果匯源的股價不升值或下跌，華平就會執行和朱新禮對賭的合同，贖回他擔保的可轉債及 10% 的單利，用來補償購買期權的 260 萬美元和數百萬美元的利息差。

在運營方面，華平和達能在入股前制訂了改善匯源運營的“百日計劃”，包括達能派遣六名高管進入匯源，分管市場、渠道、運營等部門的工作，但薪酬仍然由達能支付，以減輕匯源的壓力。華平負責搜尋和聘請財務總監，並幫助匯源搭建紅籌架構，完善上市的準備工作。

“百日計劃”的高管補位並不順利。匯源似乎很難接受外來的高管，達能派來的部門經理一直無法融入公司業務，反而感覺被架空，施展不開。其中有個中文名叫毛天賜的美國人，他 1981 年就在中國工作，說一口流利的普通話，被達能派入後，又被任命為匯源集團總裁。他雖然有多年食品行業的經驗，但在匯源沒有實權，只是在公開場合代表匯源出席各種會議和活動，也經常在電視台和其他媒體活動上亮相，只能無奈地自嘲為“匯源的首席模特”。其他許多來自達能、可口可樂和其他跨國公司的人才也都因為無法融入團隊而紛紛離去。

相比之下，華平協助的財務管理和上市準備的工作進度不錯，配合主承銷商瑞銀，安排 2007 年元旦後開始上市路演。由於股市追捧消費升級的概念，匯源一亮相就得到了投資者的青睞，股票訂單蜂擁而至，朱新禮、匯源的其他董事、華平團隊的成員都接到了親朋好友的電話和短信，紛紛索要新股額度。到認購期結束時，匯源的股票超額認購達到 937 倍，凍結資金 2250 億港元，成為香港股市歷史上凍結資金第五大新股。

2007 年 2 月 23 日，在香港證券交易所的巨大電子顯示屏前，朱新禮敲響大鑼，慶祝匯源上市成功。開盤後，匯源從每股

6 港元的發行價一路上揚，收盤在 9.98 港元，漲幅 66%，相當於 2006 年度預測利潤的 77 倍。

市場給出這麼高的市盈率，是因為投資者預期匯源的利潤會高速增長。匯源 2006 年利潤 2.77 億港元，相對於 05 年的 1.34 億港元，翻了一番。2007 年的利潤比 2006 年增加了 2.5 倍，達到 8 億港元。捷報傳來，股價繼續上漲，衝到了每股 12.10 港元的高峰。

其實，我在董事會上看到的內部數據令人擔憂。匯源為了完成對賭，把利潤提前在 2007 年提現，而底層的管理問題給以後留下了極大的隱患。新建的大型果汁生產基地和工廠增加了運營成本和折舊費用，但由於渠道和市場推廣沒有跟上，新建產能的利用率不到 50%。華平和達能發現了這些問題，在董事會上建議不要貿然新建基地和盲目擴大產能，而是應該與市場開拓和渠道鋪設同步進行。

碰到問題如何對待，是反映管理層質量的試金石。對於我們的不同看法，朱新禮非但不接受，還表現出很不耐煩。一次董事會上，達能的董事對匯源管理上的問題提了一些意見，把朱新禮惹火了。他提高嗓門質問道：你們懂管理嗎？我天天撲在一線，辛辛苦苦地為企業奮鬥，難道我們不清楚企業的問題？你們不了解情況，就不要指手劃腳！

他這一發脾氣，場面十分尷尬，董事們都默不作聲。我坐在那裏，心裏有一種不祥之感。

果然，進入 2008 年，一、二季度的稅後利潤急劇下降，跌幅超過 70%，公司的股價也應聲下滑，一路跌到 3 港元一股。

説服朱新禮整體出售

2008 年，中國主辦奧運會，邀請外國首腦出席開幕式。3 月初，法國總統薩科齊在記者招待會上表示，他因為西藏問題可能會抵制北京奧運會。

這個消息激怒了中國民眾，一股抵制法國產品和企業的浪潮席捲全國，家樂福超市門口甚至出現了抗議的人群。由於達能也是法國企業，朱新禮擔心會波及匯源，讓我試探一下達能是否願意退出匯源。我找了秦鵬詢問，他考慮後回覆：此時不考慮出售股份。

朱新禮問：那匯源賣給達能呢？

也不行。

我夾在兩個股東中間，覺得很為難。達能在中國有樂百氏、光明乳業、益力飲用水、蒙牛、娃哈哈等多項投資，在這個關係敏感的時點，秦鵬不希望有任何動作，事出有因，但我覺得兩個股東之間的矛盾不解決肯定不行。

6 月初，我約秦鵬在北京希爾頓飯店吃午飯，提出我想法：達既能不願買，也不願賣，朱總要求解決問題，要不把公司整體出售？

秦鵬覺得有道理，答應去和朱新禮溝通。過了幾天，秦鵬來電話，說朱總同意我們的建議，約我去北京商量細節。

7 月 2 日，我飛到北京，從機場直奔匯源的總部。我在等秦鵬的時候，問朱新禮對出售公司的看法。

“可以考慮啊，但價錢得合適。” 他說。

“什麼價錢才合適？” 我問。

他思索一陣，說："至少每股 15 港元，而且要保密，參加競購的買家不能太多。"

我覺得這幾個條件很難同時滿足，尤其是價格。來北京之前，我和團隊討論過匯源的價值。匯源股票的現價是 3 港元，朱新禮想要 5 倍的溢價，但又不想公開請買家來競爭，這就難了。出售控股權是有溢價，但通常只高於市價的 30%—50%，很難達到 3—5 倍。我也問過高盛，他們認為通過競購，最高能把價格推到每股 11 港元。

我在談這些看法說時，秦鵬也到了，和我們一起討論競價流程。我和秦鵬建議聘請一家投行，啟動小範圍競價（limited auction），邀請多個買家參加幾輪競價，這樣才能拿到最好的估值。

朱新禮雖然同意公司整體出售，但提了幾個條件：一是要嚴格保密，不能影響公司市場形象；二是來參加競購的買方不能超過五家；三是價錢不能低於每股 15 港元；四是執行要快，要在 8 月奧運會結束前成交。

這些要求十分苛刻，尤其是只有五家公司競價，價格很難從市場的 3 港元衝到 15 港元去。我們用了一個小時講理由和過去的案例，還是說服不了朱總，橫豎就得按他的條件辦。儘管如此，我還是提了一個條件：防止在正式啟動競購後變卦。我們邀請來競購的都是全球知名跨國公司，中途變卦等於開國際玩笑。為了力守誠信，我建議確定一個底價，只要一家買方出到底價就必須成交，任何一方以任何理由拒絕接受就須賠償另外兩方的損失。

大家同意"約法三章"，但關於底價爭論了很久，最後一致同意定在每股 11 港元。口說無憑，三方簽字同意底價和賠償條款，委託我代表股東啟動競購。

這天是 7 月 2 號，離朱總要求的八月底前成交只有一個多月，時間緊張，我直接打電話給我在國美常用的兩位併購專家——高盛的約翰·萊文和富爾德的羅伯特·阿什沃思，請他們立即飛來北京，和朱新禮面談。

得到了朱新禮的認可，高盛和富爾德全力趕工，只用一周就寫完了簡介（teaser）和流程通知函（process letter），按照朱總認可的五家公司名單，發給了美國的可口可樂和百事可樂、日本的三得利（Suntory）和麒麟控股（Kirin），以及韓國的樂天（Lotte），請有意競購的公司在兩周內提交報價書，然後挑出綜合評分最高的兩家進入第二輪並進行盡職調查和法務談判，在 8 月 31 日前提交有法律約束力的最終標書。

以超過 10 億美元的代價收購中國最大的純果汁企業聽起來令人興奮，但涉及上市公司的全面收購和下市，時間緊、工作量大，決策謹慎的日本和韓國公司三得利、麒麟控股和樂天直接謝絕參加競購，只剩下可口可樂和百事可樂兩家參與。它們在中國已有相當規模的業務，也希望通過難得的機會，收購一家本土果汁企業，擴大市場佔有率，因此表現積極。

"兩樂" 分別成立了專職小組，聘請了投行擔任財務顧問，開始競購流程。

在此期間，匯源的股票仍然正常交易，但如果有國際大公司競購的消息有絲毫走漏，股價肯定大漲，香港交易所和證監會必定來函詢問，要求公司披露併購詳情。如果此時併購細節尚未敲定，買賣雙方被迫透露底牌，併購就很難在公眾關注下推進，很可能胎死腹中。因此，絕對保密是上市公司併購的第一要素，高盛要求我們三方嚴格控制參與人數，對內對外消息要封鎖得滴水不漏。內部討論提到各方時只用代號：可口可樂是“紅方”，百事可樂是“藍方”，匯源是“山楂”。

首輪標書開標，“紅方”報價每股 11 港元，“藍方”報了區間價，9—11 港元。

收到這個消息，朱新禮找我和秦鵬開會，對開標的結果表示不滿，如果不能讓他們提價，還不如搞第二輪。

秦鵬和我對看一眼：和我們打交道的紅藍兩方是世界級的公司，約定競購有兩輪流程，此時叫停有失信用。

看到我們不同意放棄，朱新禮提出他的條件：達能和華平讓利給他，提高他的實收價格。

我和秦鵬怏怏離開。我們知道，上市公司所有股東同股同權，任何一個買家都不可能在出價時給某個股東的價格高於其他股東。但是，如果不答應朱總的條件，競購肯定流產。我建議，為了顧全大局，我們對外還是一個收購價，等交易完成後，我們兩家分現金給朱總補差價來達到他的要求。秦鵬點頭同意。

我們各自向總部做了說服工作，好不容易才拿到授權，同意每股讓出 1 港元的收益，價值 15 億港幣，作為管理層獎勵分給朱新禮。

7 月 31 日，紅、藍兩方進入第二輪競標。它們的項目小組在荷蘭銀行和摩根士丹利兩家投行財務顧問的幫助下，在“山楂”數據庫上翻查資料、分析財務數據的進展。

展開全面財務、運營和法律盡職調查。

8 月 8 日，北京奧運會開幕，我留在北京兩周，一邊參加開幕式，觀看籃球、游泳、跳水等比賽，一邊密切關注紅藍兩方在“山楂”的進展。

沒過一周，高盛接到摩根士丹利的通知，稱“藍方”決定退出競購。

聽到這個消息，我像泄了氣的皮球，立刻失去了觀摩比賽的興趣。

在啟動併購之前，我曾經找藍方的亞洲併購主管聊過兩次，了解他們對收購山楂有強烈的興趣。藍方在中國飲料市場的佔有率只有 15%，遠低於紅方的 40%，收購山楂能幫助藍方縮短差距，照理應該拚命爭搶，沒想到剛進第二輪，他們就放棄了。我和高盛猜測，藍方可能是因為內部定了價格上限不超過每股 10 港元，初步盡調的結果並不樂觀，就乾脆退出競標。

眼看著挑動紅藍兩方抬價的計劃要落空，我們該怎麼應對？

擺“空城計”，紅方提價成交

高盛的萊文正好也在北京看奧運，我去找他商量對策。我們分析，紅方仍然覬覦山楂，只要我們嚴密封鎖藍方退出的消息，唱一齣“空城計”，就能讓它感覺到還有競爭，繼續抬價。

方案既定，我們對只剩一家競標方嚴格保密，仍然保持兩家競購的假象繼續推進，使紅方完全蒙在鼓裏。8 月 24 日，北京奧運會閉幕那天，紅方按時向高盛遞交了有法律約束力的最終標書。萊文立即轉發給我：紅方報價每股 11.8 港元，總體估值 180 億港幣（約 24 億美元）。

高盛和我們三家股東坐下來討論。高盛對 11.8 港元的報價的分析是它相當於山楂 2008 年每股 0.25 港元預測利潤的 45 倍，大大高於可口可樂本身的 17 倍市盈率，比紅方第一輪每股 11 港元報價的總額高出 11.7 億港元，因此十分合理，建議股東接受。

華平和達能表示，經過兩輪的競購，這是唯一有法律約束的標書，而且超過了事先約定的底價，應該接受。可是，儘管我們說的完全在理，朱新禮還是堅持不同意，理由是沒有達到他的目標價。他指示高盛讓紅方請示全球董事會再度提價。三方會議不歡而散。

我們知道紅方召開了董事會，打電話去問紅方財務顧問。對方回答：董事會上只簡單提及了匯源，沒有授權提價。

這個消息把朱新禮惹火了。明明是他的期待值過高，他卻認為對方沒有誠意，當即下令關閉網上數據庫，停止向紅方提供資料。

正在做收尾工作中的紅方執行團隊突然無法訪問數據庫，不知出了什麼事，急忙致電高盛詢問原因。我和高盛打電話給朱新禮，他都不接，我只好發短信問他：到底是怎麼回事？朱新禮短信回得倒是很快：如果取消併購，華平願意把股權賣給他嗎？

我毫不猶豫地回覆："每股 11 港元，當然賣！"

他沒有再回我，也沒有重開數據庫。眼看著我們好不容易撮合到一起的併購要告吹，我急了，想最後再努力一下，推動買方漲價。第二天（8 月 28 日）一大早，我打電話給紅方的財務顧問、荷蘭銀行的董事總經理史密斯，告訴他數據庫關閉的真實原因。我說，要挽回局面，只能說服紅方再次提價。

他說很難，因為紅方已經漲過一次價，沒有理由再提價。我說，如果不提價，併購就此告吹，這就是理由。

他問：如果再提價，必須能成交，否則沒意義。漲到多少錢才能被接受？

我建議每股 13 港元，他說肯定不行，因為沒有依據。我想了想，說：要不每股 12.20 港元，因為那是山楂股票歷史最高價。為了給朱新禮面子，他們收購完了可以請他當亞洲區名譽主席。

史密斯覺得有道理，答應去做紅方的工作。

那天晚上，我們長江 CEO 班的同學周成建在深圳為他的企業美特斯邦威上市舉辦慶功宴，邀請全班同學一起出席。我知道朱新禮也會到場，就約了秦鵬去深圳和他面談。

在從香港驅車去深圳的路上，萊文打電話告訴我：紅方同意提價到每股 12.20 港元，但強調這是最終價格，再沒有談判的餘地。

在深圳洲際酒店的大堂裏，我見到朱新禮，興沖沖地告訴他紅方再次提價的消息。沒想到，他並不興奮，反而強調必須拿到每股 15 港元才行，因為瑞銀剛給他做了評估，說這是最起碼的估值。

我知道是瑞銀因為沒有讓他們參與這項併購而故意搗亂，心裏一股無名火直往上竄，說："他們說匯源每股值 15 元，能經得起市場檢驗嗎？我們手裏的 12.20 元價錢是經過市場上兩輪競標、兩次談判才拿到的，如果我們同意，對方要真金白銀兌現的。你別信瑞銀忽悠！"

這時秦鵬也到了，我們倆一起勸朱新禮。從數字上分析，紅方已經兩次提價，12.20 港元一股是 50 倍市盈率，高於匯源近期股價 3 倍，超過可比上市公司的平均市盈率和近年來全球飲料行業併購的估值區間，絕對無可挑剔。從經營管理上看，併購能讓紅方強大的營銷網絡發揮匯源的產能，是個雙贏的組合。

可是，我們說得口乾舌燥，朱新禮依然聽不進去，只是把他的底線降到每股 13 港元，說要麼紅方提價到 13 元，要麼我們兩方把 11 港元以上的收益按 6：4 分給他，讓他拿到 13 元，否則堅決不賣。

我和秦鵬無語了，只好作罷。

當晚的宴會熱鬧非凡，長江 CEO 班的同學和不少金融界的朋友都來道賀。席間，瑞銀中國區的主席蔡洪平把我拉到宴會廳外面，問我匯源併購的近況，說瑞銀希望擔任財務顧問。

我猜的沒錯，就是瑞銀在搗亂！我正色告訴他：公司的財務顧問早就是高盛在做，對方請了荷蘭銀行，而且項目已經到了尾聲，沒什麼可做的了。他堅持要插進來做公司股東的財務顧問，不收費，但一定要掛名。

我真生氣了，說："你當誰的顧問我不管，要是攪黃了這個項目，我跟你沒完！"

8 月 29 日，山楂和紅方簽署的獨家談判協議還有一天到期，我們必須給對方回覆了。我和秦鵬焦慮不安地等了一個上午，朱新禮那邊還是杳無音信。

等到中午，我們實在忍無可忍，讓律師發函給朱新禮，正式通知他：達能和華平同意接受紅方的最新報價，根據之前簽署的三方協議，如果因他一方反對而導致併購失敗，我們兩方將尋求賠償，並要求他在次日中午 12 點前回覆。

到了晚間，朱新禮通過他的助理張秀梅轉告高盛：達能、華平必須同意把每股 11 港元以上的分成比例改到 7：3，否則他將通知律師正式拒絕紅方的收購建議。

我簡直不敢相信自己的耳朵。分成比例從 6：4 提高到 7：3，他只多拿 1200 萬美元；如果因他反對而造成收購失敗，他要賠償我們兩家 2.4 億美元！這個人怎麼想的！

但是，他就是這樣一意孤行，我們怎麼辦？看來我們不讓步，併購肯定黃了。我們可以向他索賠，但公司價值受損，他哪有那麼多錢給我們？我們商量了半天，在時間大限面前，實在沒有別的辦法，只好再次讓步，極不情願地把收益分成的比例改成 7：3，也就是華平和達能只拿每股 10.52 港元，朱新禮實收每股 13.41 港元，差價在收購完成後支付。

9 月 1 日凌晨 0 點 34 分，富爾德律師事務所通過電郵向交易各方確認：達能、華平、朱新禮三家股東已經簽署不可撤銷的協議，承諾將它們持有的股份全數售予可口可樂。上午 8 點，匯源召開特別董事會，向全體董事披露併購詳情。董事會一致通過提交給香港交易所的併購公告。

兩天後，匯源和可口可樂在中國香港和美國同時宣佈：可口可樂透過它的全資子公司以每股 12.20 港元的現金價格，向匯源的所有股東發出要約收購，前提是在 2009 年 3 月 31 日以前獲得 90% 以上匯源股東的接受，並通過中國政府反壟斷審查。

全球各大媒體均以顯著位置報道了跨國公司迄今為止在中國最大的一筆收購，其總價接近 24 億美元。當日，匯源的股價暴漲至 10.94 港元，較前一交易日 4.14 港元的收盤價上漲了 164%，成交額達 24.8 億港元，名列港股成交榜首。收購方可口可樂的股價也從 51.66 美元上揚逼近 55 美元，漲幅接近 7%。

反對聲浪影響審批，併購折戟沉沙

公告發佈後，可口可樂立即把申報材料提交至中國商務部，按新頒佈的《中華人民共和國反壟斷法》進行審查。這個法案一個月前剛剛生效，可口可樂收購匯源一案被看作它對跨國公司的“第一大考”。由於無先例可循，雙方的律師團隊只能根據國外的案例和審批邏輯進行分析。

這項併購是否構成壟斷，主要取決於監管部門如何界定飲料市場。如果單看純果汁，匯源的佔有率已達 42.6%，被任何一家飲料公司併購都將形成壟斷；但如果放大到整個軟飲料市場，可口可樂的市場佔有率是 21.9%，匯源僅佔 1.6%，兩家合在一起不足 23%，相對於百事可樂的 16.4% 和達能的 10.2%，並沒有形成壟斷性優勢，這就是可口可樂的申述基礎。

收到報審資料後，商務部召開反壟斷審查聽證會，邀請華邦、農夫山泉、順鑫農業等飲料企業出席，與會者壓倒性地反對這項併購。宣佈收購的第二天，新浪網做了一個題為“你同意匯源被可口可樂併購嗎”的網絡調查，參加投票的 40 多萬網民，近八成表示反對，社會上興起了一片“保護民族品牌、保護民族產業”的呼聲。內地最大的本土諮詢公司和君創業也公開致信商務部，強烈反對可口可樂收購匯源。

面對幾乎一邊倒的社會輿論，朱新禮坐不住了。9 月 6 日，他召開了匯源媒體見面會，說：“這起收購政府批了，說明是按照法律來做的，匯源也好可口可樂也好，這是一個多贏的局面；不批，國家有國家的考慮，我們企業一定要服從國家的需要，說明國家很重視匯源。估計更多的中國人會猛勁地喝匯源，讓可口可樂買不起，50 億咱也不賣了，100 億都不賣，弄不好咱還把它收了呢。所以順其自然，不批我也感謝政府，批我也樂觀其成。”

最後，他拋出了結語：“企業需要當兒子養，但是要當豬賣，這是市場行為。”

此言一出，輿論嘩然。中國名牌戰略推進委員會副主任艾豐公開反駁：“我認為這錯了，兒子是兒子，豬是豬，殺了就沒有了，吃了肉就沒有了。賣一頭豬，給你 500 元，也就是 500 元，如果是兒子呢，你老了不動的時候他都會養活你，我看一百頭豬都不如一個兒子。”

和君創業總經理湯浩在《全面揭批朱新禮的“朱六條”賣豬理論》一文中做了更為猛烈的抨擊：“夜深了，天也涼了起來。在這初秋的一縷寒意中，我感到了一絲恐懼：這樣賣下去，我們還能有中國的民族品牌嗎？這樣賣下去，失去了民族品牌的中國在世界經濟格局上將是怎樣的位勢？農場？工廠？市場？我越來越惘然，賣品牌究竟是不是賣國呢？”

一時間，反對、批評之聲不絕於耳，激起了一股媒體和公眾輿論反對可口可樂併購匯源的浪潮。鋪天蓋地的反對輿情無疑給審批程序增加了難度。11 月 20 日，商務部的收集資料階段結束，審查階段開始。

與此同時，世界經濟正在動盪與危機之中。2008 年 9 月，美國三大股市指數暴跌，可口可樂股價下滑近 20%。在這樣的背景下，商務部對匯源併購的第一階段審查沒有定論，須進入第二階段審查。

併購協議簽署 3 個月後，審批仍然命運未卜。匯源的股東在忐忑不安的等待中迎來了 2009 年。到了 2 月，因為手中持有的匯源 2008 年上半年的數據已經過期，可口可樂要求匯源提供 2008 全年的財務報表，但匯源一直拖著不給。

3 月 5 日，朱新禮在出席 2009 年跨國公司論壇時表示，金融危機給可口可樂的重大收購帶來很大壓力，董事會內部也可能有反對收購匯源的聲音。此番講話見諸媒體，可口可樂立即發表公告，稱其董事會仍然全力支持收購匯源。

真正權威的聲音來自兩周後。2009 年 3 月 18 日，在可口可樂的要約收購到期日（long stop date）的前一天，商務部在其網站上公告宣佈：根據《中華人民共和國反壟斷法》，中國政府禁止可口可樂收購匯源。

這是全球知名企業在中國收購第一次被正式否決，世界各大媒體紛紛評論這一震驚市場的消息。可口可樂總裁及首席執行官穆泰康（Muhtar Kent）在簡短聲明中對於交易被否決表示遺憾，朱新禮沉默數日後，在匯源各大區經理電話會議上明確表態："匯源尊重商務部的決定，不賣給可口可樂了，我們要好好幹，回報國家。"

併購失敗導致匯源的股價暴跌，由 10 港元急挫至 3.99 港元。之後的幾個月，我還想尋找一線生機，和高盛、朱新禮討論了各種不同的妥協方案，但沒能讓這個併購起死回生。此後，匯源的股價一蹶不振，我們看它回升無望，將持有的股份出售給荷蘭銀行。

我們的投資有 10% 的最低回報，當初由朱新禮個人擔保，此時需要兌現，他竟然一口拒絕。他的擔保有幾個法律合同確認，在上市文件上也有明確披露，華平的法務部當然要追索。經過幾個來回的談判，最後給他打了七五折兌現，算有了了斷。

匯源一案被否決，一晃已經過去了十幾年。對於個中原因，市場上有各種各樣的猜測。有人認為商務部出於輿情的壓力，無法批准跨國公司收購民族品牌；有人猜測可口可樂後悔出了高價，暗中打退堂鼓，任憑政府處置。事實證明，每股 12.20 的價格確實貴得離譜。匯源 2008 年的實際利潤比 2007 年驟降 86%，每股盈利只有 0.07 港元。按此推算，可口可樂 12.20 港元的收購價對應的市盈率是 174 倍。

匯源由於併購失敗、管理失誤，業績一路下滑，債務不斷上升，2017 年後負債已逾百億。2021 年 1 月 18 日，匯源被香港交易所摘牌，最終淪於破產。

“成也蕭何，敗也蕭何”。一個早期成功的企業，如果在發展階段一切決策全由創始人說了算，不能引進和用好優秀的管理團隊，也不願聽取不合己意的忠告，就很可能會走向衰落。匯源的教訓，應該被企業家引以為戒。

13

第十三章

試水醫療投資

做私募投資，最大的錯誤莫過於“看走眼”和“踩錯點”。“看走眼”指的是看錯賽道、看錯模式或創始人，“踩錯點”是指投入或退出的時間點不對，兩種錯誤都會導致投資失利。

看走眼的一個典型案例是美國的 WeWork。對這家創建於 2010 年的靈活辦公企業，軟銀集團先後投資 170 億美元，一直投到佔它的控股權。但由於看錯了賽道和時機，WeWork 雖然掙扎上市，業務卻始終沒有起色，軟銀的投資面臨巨額虧損。

許多私募基金在中國的教育培訓項目上踩錯了點。在新東方、好未來、猿輔導等頭部企業的帶領下，這個行業發展迅速，在公開市場和私募融資方面都屢創估值新高，吸引了眾多私募投資公司重金佈局。然而，正在一批教培企業準備高調上市的時候，政府整改令一下，整個行業“兵敗如山倒”，上百億美元的投資付諸東流。

比特幣投資也曾經風靡一時，連紅杉美國和淡馬錫這樣赫赫有名的投資大鱷都沒能抑制住衝動，粗粗做了簡單的盡調就快速入股比特幣交易平台的龍頭企業 FTX，既看錯了創始人 Sam Bankman-Fried，又踩錯了投資的進入點，結果是公司破產、創始人鋃鐺入獄，投資者顆粒無收，還落了一地雞毛。

哈藥“踩錯點”

2003 年“非典”肆虐期間，我和好友張懿宸被困在香港，閒來無事，乘一個朋友的遊艇出海散心。懿宸一年前剛剛創立了中信資本，主打證券和私募投資業務。在清風徐徐的甲板上，我和懿宸聊起他的家鄉哈爾濱，問他有沒有好的投資機會。他說，當地出名的領軍企業有哈爾濱啤酒和哈爾濱醫藥集團（簡稱哈藥），前者已經被美國最大釀酒商安海斯（AB）收購，後者正在改制，也許是個好的投資標的。

哈藥是中國最大的醫藥企業之一，旗下的哈藥股份和三精製藥是內地上市公司，經營抗生素、中藥、OTC 和保健品、醫藥零售、醫藥流通、疫苗等業務。哈藥獨創廣告宣傳加地面推廣的模式，連續幾年穩居全國製藥企業榜首。

懿宸介紹，哈藥的控股方是哈爾濱市國資委。由於違規持有哈藥股份 60.9% 的南方證券瀕臨破產，清算時可能使哈藥失去這部分控股權，國資委希望借改制的契機，解決南方違規持倉問題。其實我對投資國營企業有很多顧慮，其中最大的問題是國企股東和我們的利益不一致，產生矛盾容易影響企業發展。但懿宸說，我們可以爭取控股哈藥，他在哈爾濱人脈甚廣，還有一個發小郝士鈞在當地有很深的關係，能幫我們做哈市政府和哈藥內部的工作，凝聚在一起改變哈藥的現狀。如果外資有華平，中資有中信資本，當地有郝士鈞，三方聯手投資哈藥，應該能釋放出這家老國企的增長潛力，創造更高的價值。

懿宸帶我去見了哈藥集團董事長劉存周、總經理姜林奎和哈爾濱市政府主管工業的副市長叢國章。姜和叢兩位態度積極，對哈藥未來發展的路徑有清晰的思考，給我留下了很好的印象，劉說話模棱兩可，看上去對華平和中信介入有所保留。他們說已有幾家內地企業在參與哈藥改制，我們如果有興趣，要馬上行動。

哈藥已經收到了來自華源集團、南京醫療、西安東盛提交的投資意向書，加上華平和中信資本組成的財團競爭，使國資委覺得有必要成立一個由外部專家和公司管理層組成的委員會，根據競購者提交的標書對各家機構做出評估。

東盛是一家實力強大的民營醫藥企業，得到了哈藥董事長劉存周的支持，是我們最強的競爭對手。他們的方案是通過現金加資產注入的方式控制並整合哈藥，而我們建議的投資結構是中信、華平和郝士鈞的黑龍江辰能工大創業投資有限公司（簡稱辰能）組成銀團投資，仍然保持哈爾濱市國資委第一大股東的地位。對於管理層和哈爾濱市政府來說，這個方案在國企改制、外資佔股和國資委控股幾方面形成平衡，很有吸引力。

經過管理層、醫藥專家組和金融專家組的評審，我們的銀團以高分勝出。2004 年 12 月 19 日，華平、中信資本、辰能與哈藥集團簽署協議，投資 20.35 億元人民幣，三家分別佔股

22.5%、22.5%、10%，哈爾濱市國資委持股45%。這個結構雖然幫助我們擊敗了競爭對手，但也給我們改變哈藥集團長期積累的管理弊病埋下了極大的障礙。

此時南方證券瀕臨破產，法院計劃拍賣它的資產，集團急需在法院接管前收購它持有的哈藥股票，為此郝士鈞建議集團發起對哈藥股份要約收購，出價5.08元/股，相對每股淨資產溢價88%，但遠低於歷史最高的18元/股。如果全額收購，總共需要41億元，按交易所規定，要約啟動前須將8億多履約保證金存入指定賬戶。哈藥集團是個控股公司，沒有現金，只能依靠華平和中信。我們在內部做了大量工作，終於拿到批准，在合資未完成之前把這筆資金作為未來股東貸款匯入哈藥，使集團得以發起要約收購。

可惜的是，儘管我們做了最大努力，南方證券的處置小組仍然不同意按要約價格出售哈藥的股票。事情拖了一年多，哈藥集團才逐個從債權人手中回購這些股份，重新控制哈藥股份這家上市公司。

中信銀團入股後落實了市場化的管理層和員工激勵機制，明確了集團旗下幾個子公司藥六、三精、人民同泰、哈藥股份的發展方向，推行了打造過億產品的方案，使整個哈藥集團的業績連續增長。2009年，集團合併銷售額達126億元，同比增長18%，現金流18億元，稅前利潤12.5億元，皆創歷史新高。

我找到懿宸和郝士鈞，建議借業績如此靚麗之機，啟動退出方案。在華平內部，我安排團隊聯絡投資銀行，向幾家跨國醫藥企業試探它們收購哈藥的興趣。我還直接聯繫了華潤醫藥集團，和他們商討收購我們合併持有的哈藥集團55%的股份的可能性。這些潛在的買家都在不同程度上表示有興趣，華潤集團更是積極，馬上安排高管到訪哈爾濱。

可惜的是，我們的本地合作夥伴不但不支持退出計劃，反而要求華平和中信向哈爾濱國資委和哈藥管理層表態，說我們沒有退出的想法，而是會堅定不移地支持哈藥的發展。礙於合作關係和朋友情面，我就沒有堅持。

這一踩錯點，使我們錯過了退出哈藥的最佳時機。2010 年後，醫藥行業連續發生動盪，受藥品帶量集中採購、營業稅改增值稅、反腐敗、發票兩票制等重大措施的影響，醫藥企業的整體利潤大大下降。與此同時，哈藥集團體制改革不徹底的弊病也逐漸顯現，管理漏洞和腐敗問題影響了管理層的穩定，缺乏新藥上市和老產品銷售萎縮的問題導致業績連年下滑。

進入 2013 年，我對哈藥繼續發展已經失去了信心，但中信

● 華平團隊拜訪哈藥

和辰能仍然認為它還有潛力，於是我把華平持有的股份轉讓給它們，拿了兩倍的回報離場。儘管如此，由於投資期長達 9 年，複合回報率只有 6.5%。很明顯，我們投資時對國有體制改革的難度估計不足，三家股東合在一起名義上佔了控股，但實際上國資委仍然一股獨大，諸多變革無法推動。最大的遺憾是我們和本地合作夥伴的訴求不一致，耽誤了高點退出的時機。

到了十年後的 2023 年，中信資本和辰能依然帶著"壯志未酬"的精神繼續在哈藥集團砥礪前行。

投資樂普醫療，扶植"創業板首富"

投資哈藥的過程長達十年，為華平在中國醫療行業投資奠定了基礎。華平中國的醫療投資小組由哈藥項目組成，先是冷雪松負責，在他離職去泛大西洋投資集團後，由馮岱接管。這個在上海長大的小夥子畢業於哈佛大學，在高盛做過投行，自己創業做過互聯網金融公司。他很有韌勁，在哈藥磨練了九年，沉穩老練了許多。馮岱喜歡投資前先做系統分析，選擇了心血管和牙科作為重點賽道。他認為"進口替代"是一個可持續的本土企業發展主題，沿著這條主線摸索，應該能找到好的投資標的。

馮岱和他的小組的研究表明，中國有近 3 億心血管病患者，每年死亡約 350 萬人，其中一個重要原因是心臟血管堵塞。國外新推出的心臟支架能夠疏通狹窄冠狀動脈血管，使瀕危患者能維持正常生活，但進口支架價格昂貴，給國內替代品創造了機會，尤其是兩家新崛起的行業新星：上海微創和北京樂普。經過初步接觸，他們發現上海微創的股東情況比較複雜，要花很多時間才能找到角度，北京樂普則非常開放。

樂普醫療的創始人蒲忠傑是金屬材料博士，在美國從事醫療器械研發多年，名下有 15 項專利。他 1999 年回國創業時缺乏啟動資金，跑去向大學同學求助，結果拿到了這位同學所在的中國船舶重工集團公司（簡稱中船重工）882 萬元的投資。老蒲以專利技術入股，佔 30%，對方佔股 70%。樂普醫療用最少的錢、最快的速度研製出藥物塗層支架，獲得了藥監局的批准。樂普醫療的支架比進口產品價格便宜一半，加上服務周到，銷售額迅速上升，年增長超過 100%，年利潤也很快達到 1000 萬美元。

馮岱安排我和老蒲第一次見面時，我覺得他不像科學家，更像個老農民。他身材微胖，臉上始終帶著笑意，一身 T 恤衫牛仔褲的打扮，說話很接地氣。他喜歡用六七十年代的詞語，比如：我是“在美國插了幾年洋隊的農民”，回國後“脫鞋下地”研製產品，到各地醫院去“上山下鄉接受再教育”，銷售採用“農村包圍城市”的策略，等等。

談到融資，老蒲嚴肅起來。他說，樂普其實不缺錢，引入股東是為了打破制度上的束縛，用市場化的激勵方式吸引一流科技人才。樂普計劃融資 2000 萬美元，佔 20%，投後估值 1 億美元。

投資界有個說法：不缺錢的企業才是最值得投資的。樂普的現金流非常健康，確實並不需要資金，但需要一個“外來的和尚唸經”，改變樂普被納入國企管理體制的局面。

這次我們踩準了點。華平在 2007 年 1 月入股樂普，正趕上中國心臟支架市場爆發性的增長，樂普以低價產品攻下二、三線城市的三甲醫院，有了一定規模後升級到“血管內藥物洗脫支架”新產品，很快覆蓋了全國 85% 以上能做支架手術的醫院，把市場佔有率擴大到 25.8%。

樂普業務進展非常健康，但要保持這個發展勢頭，老蒲需要股權激勵機制來吸引和激勵高端技術人才。樂普的大股東是國有企業，內部尚未推行員工持股計劃，老蒲的建議很難推進，所以他希望借華平的外力來說服中船重工通過他的方案。華平的團隊在董事會內外都做了大量工作，終於打通了集團的內部障礙，落實了員工持股方案。

上市是樂普的另一個挑戰。由於樂普的大股東是國有企業，紅籌結構行不通，只能考慮在內地上 A 股，問題是按照“連續三年盈利”的上市標準，樂普還需要再等一年。幸運的是，2009 年 3 月，證監會推出面向高科技企業融資的創業板，樂普突然有了上市的希望。它的年銷售收入達 4.45 億元，淨利潤超過 2 億，在申請創業板的企業中名列前茅，但有一個技術問題：淨資本太低，不夠上市發行規模的標準，樂普只好突擊購買了一棟大樓，才滿足了這個要求。

2009 年 10 月 23 日，創業板舉行了開板啟動儀式，樂普醫療作為第一批在創業板上市的公司也參加了敲鐘亮相。開市當天，樂普的股價從每股 29 元的發行價漲到最高 86 元，收於每股 63.4 元。按照這個股價，華平的投資增值 40 倍，蒲忠傑的身價近 58 億元，成為“創業板首富”。

創業板是一個全新的交易所，起步時掛牌的企業數量不多，有規模、有利潤的更少，股票流通量不足。2010 年底，樂普醫療的內部股東一年禁售鎖定期解凍，但宏觀局勢影響股市，樂普的股價開始下滑。

私募投資的退出有很多因素。投資團隊通常只考慮被投企業的財務指標、發展趨勢、當前估值和退出機會，但基金的管理者還要考慮基金整體的表現和現金回籠比例。從這個角度出發，華平總部一直催促中國團隊減持樂普股票，即使股價下跌也在所不惜。

基於總部的壓力，馮岱很不情願地啟動了大宗交易，儘管樂普的股價跌到每股 13 元左右，而且因為沒有流通量，售價還要打折。我們一共做了六筆大宗交易，最終回籠近 3 億美元，相對於成本升值 11 倍，內部回報率（IRR）48%。

如果等一年再減持，樂普的股價回漲了三倍，我們回籠的資金可能接近 10 億美元。雖然心存遺憾，我給自己的安慰是，沒有人能料事如神，落袋為安，好過追悔莫及。

撲朔迷離的股權之爭

尋找和篩選優質的投資項目是私募基金的立身之本。基金的項目來源有投資銀行和財務顧問發來的商業計劃，有我們系統掃描、主動搜尋的標的，也有早期投資的 VC 基金的轉介紹。華平中國最成功的項目之一中國生物製品（CBPO）就是上海的 VC 基金德同資本介紹來的。

CBPO 是一家血漿製品公司，主營採血、加工、檢測和血漿供應。它在美國納斯達克掛牌交易，但股價低迷，市盈率只有 7—8 倍。根據德同資本提供的資料，我們團隊對這家公司和它所在的行業做了深入分析。

CBPO 是海外控股公司，下面的運營實體叫山東泰邦，由山東米歇爾生物製品有限公司演變而來。米歇爾有四個股東：澳籍華人杜祖鷹、他的兩個兄弟持有的米歇爾生物工程公司、山東省生物製品研究所和北京辰達公司。杜祖鷹 2000 萬元的出資來自向北京辰達的借款，而北京辰達的資金又與米歇爾生物工程的總經理、閩發證券原副董事長林東有關。閩發證券由於管理混亂造成破產，林東把精力轉向泰邦。他通過一系列交易把杜祖鷹、北京辰達和生物製品研究所的股權收到囊中，放在林東的配偶陳小玲及另一自然人李林玲的海外控股公司名下。

2006 年 7 月，這家公司更名為 CBPO 借殼上市，登陸美國場外交易的粉單市場（pink sheet）。上市後通過併購和研發，推出人血蛋白、靜注人免疫球蛋白、人免疫球蛋白、乙型肝炎人免疫球蛋白等一系列血液製品，在國內市場佔了領先地位，公司也由從粉單市場轉納斯達克主板交易，林東出任 CEO，其妻任董事會主席。

這一連串令人眼花繚亂的資本運作給 CBPO 蒙上了一層神秘的色彩。失去了泰邦股權的杜祖鷹對此不肯善罷甘休，狀告法院，要求還原股權，同時還向媒體爆料，說林東在山東泰邦任職用的是假名，他的真實身份是勞改釋放人員。

也許是因為股東內訌和股權爭議，也許是因為走後門上市，總之 CBPO 的股票被市場冷落，成了一隻醜小鴨。華平的團隊發現，血漿產品供不應求，准入門檻又非常之高，CBPO 的銷售和現金流一直在穩定發展。從行業結構上看，中國的自願獻血率只有 9%，醫院用於手術和急救的血漿來源主要是有償採血站。政府對血漿的採集和使用監管極其嚴格，每一個新設立的採血站都要經過嚴格的審核及批准。通常建一個血站需要數千萬人民幣的投資以及一年多的資質認證，生產的每一批血漿都要經過抽檢和六個月的存放觀察，才能進入市場。一邊是極高的准入門檻，一邊是醫院急救受傷對血漿的剛性需求，這種行業結構應該對於為數不多的血漿企業極其有利。

我們看到，如果能夠解決股東之間的爭鬥，同時加強內部管理並豐富產品線，CBPO 的盈利能力和市場價值都有很大的上升潛力。但公司因為股價太低不願發新股，我們只能找現有股東收購老股。

私募基金的主要投資方向是非上市公司，如果入股已上市公司，行話叫"PIPE"（private investments in public equity）投資。按照會計準則，PIPE 投資必須按市價估值（mark to market），導致這筆投資的價值隨著上市公司的股價波動，可能產生浮盈，也可能是賬面虧損。因為有這個風險，私募基金或避免做 PIPE，或採用可轉債或者可轉優先股（convertible preferred stock）的形式投資。

CBPO 不願發可轉債或優先股，我們只能以高於市場的價格收購老股，這需要勇氣和耐心。因為收購老股後按季度估值，超過市價部分要撇賬，形成賬面虧損，影響我們的業績。我們堅信 CBPO 的價值被市場低估，開始與老股東談判，在 2010 年 5 月以每股 13 美元的價格買下 150 萬股，高於前三個月的平均股價 40%。此後一年中，華平陸續收購了價值一億多美元的股票，成為 CBPO 的第一大股東。

我們入股後的第一個動作是安排美籍華人高小英接任總經理。高小英曾經在摩托羅拉公司和一家美國上市公司擔任高管，中英文俱佳，擅長協調複雜的股東及合作夥伴關係，還能和美國市場的投資者打交道。他花了極大的精力調整內部管理結構，一方面努力攻關開設新的採血站，一方面改善經營，提高公司的銷售和利潤，業績顯著上升。在爭鬥不休的股東之間，我們無法調停，只能用我們的基金和公司的現金買斷部分股東的股份，徹底解決股東糾紛問題。

CBPO 內部的董事會、管理層和業務理順了，下一步是在資本市場上重新亮相。借殼上市的企業在投資者溝通方面有“先天不足”，要改變被市場冷落的情況，必須“二次上市”，按照正規程序向機構投資者推介這隻股票。華平聘請了摩根士丹利做全球協調人，對 CBPO 和整個血漿行業進行調研和分析，然後安排高小英帶隊出去路演，廣泛向投資者介紹公司的競爭優勢、最新進展和未來發展計劃。2014 年，面貌一新的 CBPO 成功發行新股，每股定價 38 美元，吸引了一批高質量的機構投資人參與。解決了股東糾紛和管理混亂的 CBPO，此後一直穩定發展，股價節節上升，攀上了 60 美元的高峰。

華平團隊四年前以十幾美元一股溢價購買的股票，此時升值五倍，印證了我們敢於冒險的判斷。這筆投資最終回籠 5.7 億美元，內部收益率達 60%，但絕非僥倖，而是黎輝、馮岱等同事分頭解決股東糾紛、提升管理質量、改善資本市場的定位等一系列辛勤付出而得來的成果，其實不易。

14

第十四章

踏浪新經濟

TMT[1] 是投資界對於通信、媒體和互聯網行業的統稱，後來逐漸演變為泛指利用高科技發展的新經濟行業。以蘋果、微軟、亞馬遜、臉書、推特、阿里巴巴、騰訊、京東、美團、拼多多、字節跳動等為代表的 TMT 企業，都是以技術或經營模式創新領先，搶佔消費者心智和行業領先地位後爆發性增長。這些企業早期並不以銷售和利潤為目標，而是注重搶佔市場份額，一旦拿下"贏者通吃"的細分市場，然後開始收費，取得近乎壟斷的高額利潤。

TMT 企業"不鳴則已，一鳴驚人"的成長模式給創投和私

1　指科技（technology）、媒體（media）、電信（telecom）。

募基金對它們的早期投資判斷和估值帶來很大挑戰，尤其是需要大量“燒錢”創建品牌、佔領市場的企業。投資早期 TMT 企業沒有太多的數據可以分析，依靠的是對賽道的分析、對經營模式的判斷和對創業者的直覺。

這類投資的失敗率很高。每一個成功的明星企業背後，都有無數個失敗的案例。為了降低投資風險，創投基金經常採取分輪投資的模式，按照企業的發展規劃和爬坡里程碑逐漸加碼，一直護航到它們穩定盈利或上市騰飛。

豪擲千萬美元，押寶 58 同城

2002 年，由於全球互聯網泡沫破滅，華平在中國投入的十幾個早期項目也蒙受折損。公司回歸傳統的價值投資軌道，對虧損企業採取謹慎態度。這種保守的投資方式使我們與小米、美團、大眾點評等新經濟企業失之交臂，但也躲過了 ITAT、凡客生活、華爾街英語等暗雷。

經過了互聯網泡沫和全球金融危機的洗禮，中國大地興起了新一輪的創新、創業高潮，湧現了一批優秀的新經濟企業。華平的地產、醫療和零售消費組都已打開局面，有了國美、銀泰、紅星美凱龍、富力地產、樂普醫療、中信醫藥等成功案例，TMT 小組也投資了銳迪科等高科技企業，只是在互聯網和新媒體方面尚無建樹。多次頭腦風暴會使我們明確了投資方向，開始尋找經營模式清晰、快速增長中的互聯網公司。

通過我們的關係網路，TMT 小組先後接觸了搜房網、唯品會、分眾傳媒、京東等企業，但都因為看項目的角度和判斷方法不同而沒有出手，只投了學大教育，從而結識了 58 同城的創始人姚勁波。

姚勁波是中國海洋大學計算機應用及化學雙學士，畢業後在中國銀行技術部門的任職，後來下海創辦易域網，九個月就賣給國內最大的企業網絡應用服務商萬網，不久又離開萬網，創建一個全新的分類信息網站 58 同城。

這個免費網站給地方城市的小商販、餐館、鞋舖等商戶提供了一個免費又精準的推廣方式，上線後深受歡迎，很快就積累了 8 萬註冊用戶，日均訪問量達 100 萬人次，成為國內中文網站百強之一。幾乎是在相同的時間，上海也出現了一個類似的網站趕集網，它的創始人楊浩湧曾在美國硅谷工作多年，技術能力很強，把趕集網打造成界面簡潔、使用體驗流暢的網站，吸引了眾多忠實用戶。這兩家都在融資，我們的團隊決定兩個同時看。

對於分類廣告，華平並不陌生。我們的美國 TMT 小組同事曾經試圖投資 Craigslist，它是美國線上分類廣告的領頭羊，僅僅幾十個員工的企業，以分門別類、包羅萬象的各種找房、買車、求職、就餐等信息，吸引了億萬級的日均訪問人次，瀏覽量甚至超過 eBay，現金流非常強勁。在一次團隊交流的例會上，兩位美國 TMT 同事帕特里克・哈克特（Patrick Hacket）和馬克・科洛德尼（Mark Colodny）聽了我們介紹 58 同城，感到十分興奮，表示全力支持我們抓住這個機會。

全球性的基金公司的本地團隊和總部之間關係並不容易協調。最佳模式為沈南鵬獨創：他的紅杉中國在 2005 年和 Sequoia 共同創立，秉承國際品牌、本土化獨立運營的前瞻理念，無論是品牌、投資決策，還是中後台管理和利潤分成，均屬於中國團隊；其次，還有一種模式是全球化的 PE 基金公司，如 KKR、凱雷、TPG 等，它們的本地團隊和總部 5—5 分成，基金融資、後台管理、品牌宣傳、合規及人事都由美國總部負責，本地團隊專管投資，雖然總部對決策有一定的參與，但團隊還是有相當程度的自主權和 40—50% 的亞洲基金利潤分紅權；最後是華平這種模式，實行全球一體化，利益和全球合夥人捆綁在一起，投資決策還是要總部把關。

在 58 同城這個項目上，我們中國團隊和美國 TMT 小組配合默契，得到了很多幫助。帕特里克和馬克對分類廣告行業了解頗深，看到西方國家經歷過電話黃頁和本地報紙分類廣告，正在向互聯網時代過渡，而中國跳過了過渡階段，直接進入互聯網廣告，發展更快，效率更高。帕特里克和馬克覺得我們不能錯過這個機會，自告奮勇飛到中國來幫我們考察 58 同城。

我們一行 6 人走進 58 同城的客服大廳，眼前的景象令人震撼：比足球場還大的空間裏黑壓壓坐了近 600 名客服人員，都坐在自己的工位上，戴著耳機與商戶溝通。他們或推銷廣告位置，或處理客戶問題，忙碌異常。大廳牆上掛著一面巨大的電子顯示屏，實時顯示各個小組的銷售業績和客服數據。正是因為客服團隊的電話推廣，58 的網絡才能迅速擴大到全國 200 多個城市。

我們也去上海看了趕集網。兩家公司是直接競爭對手，打得不可開交，我們必須二選一。從公司的規模和市場佔有率來看，它們不相伯仲，但 58 的創始人姚勁波有連續創業的經驗，更加接地氣，也願意與我們合作。

關鍵問題是估值。58 要求兩億美元，而且已經在和 VC 基金摯信資本談投資條款。對於這個已有大量用戶和廣告商家但目前銷售和利潤為零的企業，我們該怎麼判斷這個估值是否合理呢？

私募投資通常的估值方法有三種：1. 市場法：找到類似或同行已經上市的公司（comparables），參考它們的市盈率；2. 收益法：把企業預測的未來現金流用一個貼現率折現（discounted cash flow, DCF），算出今天的價值；3. 資產法：統計企業所有資產的價值，參考今天重置這些資產的成本，推算出企業的現值。

對於幾乎沒有任何固定資產，也沒有財務數據的58來說，這幾種估值方法都不適用。它正在全力攻打市場、增加用戶數量，擴大廣告覆蓋範圍，公司的價值在於用戶數量、網站品牌、用戶習慣和消費者心智，這些都是無形資產，很難量化。我們唯一可行的方法是按照58目前發展的曲線，推測出未來穩定狀態下的客戶數量，乘以預測的收費標準和毛利率，算出現金流和利潤，再參考已上市的類似媒體企業的市盈率，得出公司的估值區間。我們依據這樣的假設，參考美國Craigslist的數據，編製了一個預測模型，推測估值在2—3億美元之間。

摯信資本的盡調已接近尾聲，勁波要求華平在兩周之內做出決策。為了搶下這個項目，程章倫帶著他小組的同事加班加點，壓縮了通常的投資流程。好在58是個新公司，財務和法律都相對簡單。2010年12月，華平完成了4000萬美元入股58同城。

有了雄厚的資本支持，58同城迅速加大了廣告投放力度。它用影星楊冪為代言人，把“一個神奇的網站”的廣告詞炒得人人皆知，同時贊助《超級女聲》、《快樂大本營》、《天天向上》、《非誠勿擾》、《中國好聲音》等大眾電視節目，迅速提高了58的品牌知名度。

“現在看，這個市場，我們真的是（用廣告）砸透了。我們前後花了 7000 萬美元，但實際上我並不想花這麼多。”後來接受媒體採訪時，勁波這樣回憶。

在廣告大戰中，趕集網也不甘示弱，憑藉背後紅杉中國、今日資本、加拿大安大略教師退休基金和中信產業基金的 1.6 億美元的支持，與 58 同城正面火拚。看到競爭進入白熱化階段，58 同城董事會對姚勁波表示全力支持，華平再度出資 4200 萬美元，同時借給勁波 1000 萬、他本人出資 300 萬，共 5500 萬美元，補充廣告戰的“彈藥”。

58 同城以超過趕集網兩倍的廣告投放量，建立了覆蓋 200 多個城市、上千萬個商戶的網絡，成為消費者搜索本地服務必訪的網站。一旦搶佔了消費者的心智、鞏固了商戶的黏性，58 開始收取廣告費用，而它的客戶群體，那些城裏的小餐館、商販、美容店、理髮店、修理店等商戶，已經習慣了在 58 同城網站宣傳自己的服務，並沒有因為付費而撤下廣告。

兩年後，58 同城在線上分類廣告市場的佔有率達到 38%，名列榜首，年銷售額也衝上 8700 萬美元，並首次實現季度盈利。2013 年是中國互聯網大熱之年，58 準備趁市場火爆而儘快上市。

華平的團隊助公司一臂之力，幫助勁波招聘周浩來當財務總監。周浩曾在美國通用電氣公司供職，受過大型跨國公司的正規培訓，又在華平的兩家被投公司藥明康德和中信醫藥當過財務總監，既熟悉企業內部的財務管理，還有帶領公司上市的經驗，是個難得的人才。據勁波後來評價，推薦周浩是華平對 58 同城做出的最大貢獻，在 58 的價值提升中功不可沒。

2013 年，58 同城順利登陸紐約證券交易所，融資 1.87 億美元。交易首日，58 同城的收盤價為 24.32 美元，較開盤價上漲 43%，市值達 16.5 億美元。

上市後不久，58 和騰訊開始討論戰略合作。對於高速發展中的互聯網公司來說，BAT 中的任何一家入股都具有戰略意義：它們能帶來流量和品牌的支持，還能提高投資者的信心，正面影響公司的估值。當然，"天下沒有免費的午餐"，騰訊帶來價值也是有條件的。它要求打折入股，而且持股比例不低於 20%。58 此時現金流很好，不需要發太多新股，要讓騰訊佔到 20% 的股份，就得有老股東出讓。儘管我們相信 58 還有升值的潛力，為了幫助公司實現與騰訊的戰略聯盟，我們同意打八折出售 2700 多萬股給騰訊，促成了此次聯姻。

2014 年 6 月，騰訊和 58 同時宣佈，騰訊斥資 7.34 億美元購買 58 的 3689 萬普通股，佔 58 同城 19.9% 的股份，其中 2760 萬股是由現有股東出售，價格 ADS 每股 40 美元，折扣超過 20%。不出所料，騰訊入股 58 同城的消息宣佈後，股價上漲超過 30%，交易量也大幅度增加。

私募基金退出上市公司，通常有兩種方式：一是出售股票回籠現金，然後分配給 LP；如果上市公司有足夠的體量和流通量，基金也可以通過股票分紅（share distribution）的形式把股票派發給 LP。58 同城在美國紐約證券交易所掛牌，市值和交易流通量都夠標準，我們決定採用股票分紅的形式實現退出。

2014 年 6 月到 12 月，華平做了三次股票分紅，把手裏的 58 股票全部分給了 LP，回報超過 7.5 倍，內部回報率 83%。

逆市力撐神州租車

租車自駕在西方國家是司空見慣的現象，在各大城市的機場、火車站和街道，赫茲、安飛士、Dollar、Enterprise 等大型租車公司的租車點隨處可見。這個旅行方式從 2006 年開始流入中國，幾家商務和休閒租車企業應運而生。它們看到一個快速發展的藍海行業：全國有 1.14 億個汽車駕駛證持有者，但私家汽車保有量只有 3885 萬輛，絕大部分的駕照持有者要靠租車來滿足自己自駕外出旅遊的願望。

2007 年，繼深圳至尊租車和上海一嗨租車之後，北京的神州租車正式在北京人民大會堂舉行開業慶典。神州的創始人陸正耀早在 2005 年就介入了汽車業務，效仿美國汽車聯盟 AAA 創建北京聯合汽車俱樂部（UAA），向會員提供救援和維修服務。這個新穎的經營模式吸引來聯想集團旗下的君聯資本、美國 CCAS 公司和美國凱鵬華盈中國基金的投資。UAA 的業務未能開展起來，但它發展了 220 萬名會員，為俱樂部改為神州租車打下了基礎。

租車是一個重資產業務，需要大量的資金購買新車，並在各大城市佈局租車、保養、修理的網點，才能形成經營規模。神州租車正準備融資擴張的時候，迎頭撞上 2008 年全球金融危機，基金投資緊縮，神州租車陷入困境。老陸咬緊牙關縮減開支，搬到又冷又小的屋子裏辦公，靠君聯資本提供的一筆過橋資金撐過嚴冬。

步入 2010 年，市場轉暖，私募基金開始佈局消費投資，租車業務作為一種全新的業態，落入了華平消費組的視野。黎輝帶著同事對整個行業做了分析，把至尊、一嗨和神州三家公司都看了一遍，對這個行業非常看好，因為中國公路網路已經四通八達，過小康生活的中產階層都渴望自駕旅遊，但很多城市都限制購買新車，給租車業務敞開了大門。

我第一次見老陸，就對他印象很好。他身材微胖，講話略帶福建口音，充滿自信。他創建神州的想法來自於早年在加拿大租車自駕的經歷，當時看到外國人租車那麼方便，他立志要讓國人體驗這種無拘無束地雲遊四方的感覺。他在北京做小生意起家，對營銷和控制成本有深刻的體會。他說，他融資的目的是快速增加車隊數量，在規模和網點上壓倒競爭對手。

我們團隊都很欣賞老陸這種接地氣的打法，很快就提交了投資條款概要（TS）。但在投資這個項目上我們面對一個強勁的對手——神州現有股東君聯資本的母公司聯想集團。

聯想集團出於戰略考慮，準備把租車作為一個主營業務經營，因此提出投資 2 億美元入股神州，同時還提供 30 億元人民幣的債務擔保。這樣的優惠條件，我們肯定競爭不過，只能祝福神州成功。

在聯想的資本和資源的支持下，神州租車發展迅速。它的車隊數量擴大到 2 萬輛，超過競爭對手數倍，營業收入也從 5400 萬元上升到 7.76 億元。乘著這股勢頭，神州在 2012 年初交表，準備赴紐約交易所上市。不巧的是，由於在美國上市的幾家中國企業被控造假，美國證監會把 340 家中國企業列入調查範圍，導致所有中國概念股的股價大跌，神州租車的上市也受到了極大的影響。

路演開始前，神州見情況不妙，臨時把美林集團和摩根士丹利加入承銷團，融資額也從 3 億美元下調到 1.58 億美元，但依然於事無補。路演結束時，神州的股票認購量還不到發行額度的一半，最後只能中止上市。

這時，一直和老陸保持聯繫的黎輝看到了機會。他在華平內部開會時提出，我們應該在神州暫時遇到融資困難時儘快入股神州，而且不要求打折。正常情況下，一家企業在上市失敗後再從私募基金融資，打一定的折扣完全合理，但黎輝從可行性上分析，神州的大股東聯想集團有能力繼續支持神州，如果我們要去打折，就會失去趁市場疲軟入股的機會。從基本面上看，神州比兩年前進步明顯，700 個租車網點遍佈 66 個城市和 52 個機場，擁有 5 萬輛汽車，在網點數量、市場份額、營業收入等各方面都在行業絕對領先。它上市受阻完全是因為外部原因，而且原定的上市估值也屬合理，我們按上市價格入股並不吃虧。

內部統一了意見，黎輝很快和神州談妥了條款：華平投資 2 億美元佔 25% 的股權，另外有 1 億美元的認股權證，前提是公司需要後續融資。聯想集團維持股東貸款和債務擔保不變。

2012 年 7 月，華平入股神州，緊接著就把美國赫茲公司帶進來成為戰略股東。赫茲是全球最大的租車公司，旗下 75 萬輛的車隊在美國排名第一。赫茲將其中國業務併入神州，再加上現金投資佔股 20%，並承諾共享其全球客戶資源，而且未來神州上市時認購至少 15% 的新股。

赫茲入股後，黎輝還陪老陸考察了巴西最大的租車公司 Locoliza，向它學習低成本拓展租車網點和發展二手車業務的經驗。這家公司的發展比神州租車早十幾年，路徑類似，有很多可以學習借鑒之處。與此同時，我們幫助神州的財務和 IT 部門完善 ERP 系統，打通前端銷售和後台財務系統的銜接，改善了財務預測的準確度。

經過兩年多的“內功修煉”，神州在公司管理、銷售和利潤上都有了長足的進步。2014 年，香港股市向好，投資人開始追捧內地品牌企業，神州租車抓住了這個機會，以它租車行業霸主的地位、強勁的增長和現金流強勢登陸香港交易所。

神州的這次招股大獲成功，公開發售部分超額認購 201 倍，而且上市首日上漲 28%，之後也保持上升的趨勢，為華平帶來了近三倍的回報。

15

第十五章

“社會的稀缺資源”

投資即投人。私募投資前的一項重要工作就是要深入了解並判斷企業創始人或大股東的為人、領導力和執行力。

成功的企業家都有一些鮮明的共性。他們大多敢想、敢幹，有自信、有眼光，還有很強的凝聚力。創業成功後，他們更渴望利用業餘時間上高等學府的 EMBA 課程，一方面學習先進管理知識，一方面與志同道合的企業家互相交流和學習。為了滿足企業家的這個需求，國內一些名列前茅的商學院，如中歐工商學院、長江商學院、清華五道口金融學院、北大光華管理學院等都相繼推出 MBA、EMBA、DBA、CEO、CFO 班等專業培訓課程，在向企業家傳授企業管理的理論和實例的同時，也形成了企業家溝通和交友的“圈子”。

同窗情誼

2006 年初的一天，長江商學院的項兵院長和我應好朋友歐亞平的邀請，去深圳西麗打高爾夫球。歐亞平是一位成功的連續創業者，從北京理工大學畢業後一直闖蕩商海，做過石油貿易、房地產開發、電廠、燃氣、互聯網零售、保險等生意，以創建百仕達地產和眾安保險成名。眾安保險整合了著名的“三馬”（即馬雲、馬化騰、馬明哲）資源，創建了國內第一家線上保險公司，迅速打造出一個 600 億元全新保險巨頭。

亞平腦子靈活，交友廣泛，是個享受美食、美酒、美妙生活的專家，經常帶著朋友們去打高爾夫球、滑雪、潛水、蹦極、爬山、騎車，足跡踏遍世界各地。

項兵是長江商學院創始院長，自從 2002 年起始終不遺餘力地聘請長江的教授和管理團隊、和全球一流高等學府建立合作關係、設計和推廣長江的各類課程，可以說是長江商學院的靈魂人物。項兵體格壯碩，精力旺盛，能量驚人，說話滔滔不絕。

那段時間項兵正在籌辦長江商學院第一期 CEO 班，希望招募 40 名企業家來上四個模塊的短期培訓班，學習領導力、戰略規劃、人力資源、管理哲學等方面的知識和案例，擴大企業家的國際視野。在打球閒聊中，項兵勸我和亞平趕緊報名，說這個班要去香港、巴黎、費城、北京四個城市各學習一周，分別在長江商學院、歐洲工商管理學院（INSEAD）、沃頓商學院和北京大學的校園授課，學習方法別開生面，已經有不少知名企業家報名，其中包括馬雲、郭廣昌、傅成玉、李東生、馮侖等人。項兵剛開始介紹時我頗不以為然，我已經有了兩個碩士學位，不需要再去培訓，但聽說班裏全是成功的企業家，從他們身上能學到很多東西，我馬上就報了名。

2006 年 4 月，長江商學院首期 CEO 班在香港正式開學，項兵帶領全班同學去拜見長江基金會主席李嘉誠先生。在長江中心的會議廳門口，李超人和基金會負責人周凱旋女士笑容滿面地迎接我們。項兵把大家一一介紹給李超人，然後請他和全班同學合影。李超人用濃重潮州口音的普通話致歡迎辭，用自己的創業經歷勉勵同學們"認識自我、超越自我"，不斷學習，不斷進步。隨後，他與大家共進午餐，輪流在每一桌坐 15 分鐘，以便和每一位同學都有交流的時間。

第一天下課後，郭廣昌設宴"破冰"，招待全班同學。廣昌是我們班最具戰略眼光和國際視野的企業家、投資人，他創立的復星集團經營或投資鋼鐵、地產、旅遊、金融、醫療、礦業、媒體等行業，還培養孕育了一批明星企業，如復星醫藥、復星地產、南鋼聯、豫園、分眾傳媒、菜鳥等。復星集團也是民企中國際化最成功的一家，收購了許多享有盛譽的國際品牌，如 Lanvin、Wolford、St John、地中海俱樂部、亞特蘭蒂斯等等。復星集團在香港上市時，展示了點石成金的投資戰績，廣昌被譽為"內地的李嘉誠"。

廣昌也是把我帶入太極拳的領路人。CEO 班上課期間他已在練太極，我看到他和馬雲推手習拳，激發了好奇心和學太極的願望。為了向企業家推廣太極拳，廣昌創辦了易太極拳館，在北京、上海等大城市都開設了拳館，為企業界學員提供寬敞、舒適的練習空間，還配有太極教練、服飾和淋浴，便於大家工作之餘學拳。我自從在北京復星大廈的拳館上了啟蒙課之後就愛上了太極，至今十幾年，每日習拳不輟。

上海來的同學還有虞鋒和江南春這兩位才子。他們倆一個是復旦大學哲學系的碩士，另一個是華東師範大學文學系的大拿。就在 CEO 班開課前的 2006 年 1 月，分眾傳媒剛剛以 3.1 億美元併購聚眾傳媒，使兩人成為國內廣告界的風雲人物。虞鋒在上市前夜同意將公司賣給江南春，內心雖然糾結，但因為套現了在聚眾的股份而走上了投資家之路，和馬雲聯手創建雲鋒基金，得到了長江 CEO 班裏同學中的王玉鎖、王旭寧、江南春和鄭俊豪和其他十幾位企業家的出資支持，之後連續投資螞蟻金服、阿里影業、阿里健康、雲鋒金融等優秀企業，使雲鋒基金成為私募投資中的佼佼者。

另一邊，江南春繼續二十年如一日地繼續投身廣告業務，把分眾做到了千億市值的行業龍頭老大。江南春是我認識的企業家中最勤奮，也是最顧家的一位。他親自管理 200 多個大客戶，周一到周五每天起早貪黑地為事業奔波，周五晚上趕最後一班飛機去台灣和家人團聚，周日再坐最後一班機飛回上海，為了兼顧工作和家庭，他不辭辛勞，確實是令人敬佩。

在工作中，江南春可謂嘔心瀝血，親力親為。我有幾次推薦我們投資的企業去找他請教如何利用樓宇電梯廣告促進銷售和提高品牌價值，他在會前多次打電話來了解客戶情況，帶同事構思品牌定位和推廣方案，甚至親自動筆撰寫廣告詞，見面時把廣告樣板展示在客戶面前。江南春不僅勤奮，還極有韌勁。分眾傳媒在美國上市後，他馬不停蹄地收購了 60 多家戶外媒體公司，但由於擴張過快、負債過高，2008 年全球金融危機導致廣告收入銳減，分眾出現了 7.7 億美元的巨額虧損，市值蒸發近 90%，公司岌岌可危。

這時，我們班同學廣昌看到了機會，果斷投資 3 億美元入股分眾，佔股近 30%，一躍成為第一大股東。廣昌的資金支持穩住了局面，江南春毅然撇掉隱患諸多的併購項目，重新聚焦主業，恢復了盈利增長。隨著分眾傳媒股價的回升，廣昌部分套現，獲利 4 億多美元。2012 年，分眾再次遇險。美國一家做空[1]投資機構渾水公司（Muddy Waters）攻擊，指稱分眾誇大廣告牌數量和內部關聯交易侵犯股東利益等，造成分眾股價大跌。堅信江南春的人格和能力的廣昌再度出手力挺分眾，買入股票，幫助公司渡過難關。由於分眾的股票持續被美國股市低估。江南春聯手方源資本和凱雷等數家私募投資基金，斥資 27 億美元將分眾從納斯達克退市，兩年後在國內借殼上市，市值飆升 10 倍，達 2648 億元人民幣。

雖然身價超過百億，江南春依然保持樸素的生活方式，待人謙卑。我出差到上海，他經常設宴款待，暢談他對市場狀況和營銷策略的見解，使我受益匪淺。很多像他這樣的富豪都買了公務機自由飛翔，但他仍然坐民航機。我曾經問他為什麼不買一架自己的飛機，他笑著回答：我經常手裏捏著三四張飛往不同城市的機票，看哪裏客戶需要，就飛哪裏，自己的飛機必須提前確認飛行路徑，怎麼可能？

在香港的一周學習很快結束了，周末棕櫚泉控股公司董事長曾偉同學請大家去他在深圳的沙河高爾夫球會打球。馬雲和牛根

1 做空（Short sale）是一個股票投資術語。與做多相反，做空方預測目標公司有下跌趨勢，借入該公司的股票以現價賣出，過一段時間之後，再買入目標公司的股票還給借方。如果股價下跌，做空方可以賺取中間差價。

生都是初次下場打高爾夫球，雖然不諳球技，但仍然互不服氣地賭杆數。在同學們的鼓動下，老牛承諾輸了送一頭牛，馬雲豪言輸了給一匹馬，逗得觀戰者哄堂大笑。

我們班的同學都有曲折的創業史，但數牛根生的故事最為離奇。他自述不知生父生母是誰，只知道自己出生不到一個月就以50元賣給了一個姓牛的養父，取名"根生"。老牛靠自己的悟性和幹勁，從養牛工人一直做到伊利的高管。2003年，他毅然離開伊利，創立蒙牛，在私募基金鼎暉和摩根士丹利的支持下，把蒙牛打造成全球知名的千億企業。他身家超過百億，但始終保持謙遜的風格。有一次他邀請我和馬蔚華去蒙牛總部參觀，路過一棟別墅，他說："這是我住的地方，不過每次開董事會，我都會提前搬出來，把房子騰給遠道而來的投資者董事休息。"

坐著遊覽車，我們徐徐駛過蒙牛的生產車間，看到兩邊牆上貼著一張張老牛語錄，雖然樸實無華，但充滿了智慧："小勝憑智，大勝靠德"；"經營人心就是經營事業"；"人不能把金錢帶入墳墓，但金錢卻可以把人帶入墳墓"；"一個人快樂不是因為他擁有的多，而是因為計較的少"，等等。

2008年10月，三聚氰胺"毒奶事件"爆發，蒙牛股價狂跌。雖然老牛已經把他在蒙牛的股份捐贈給了老牛基金會，自己只收取能夠保持一定生活水平的費用。他的基金會廣為行善，包括在內蒙古治沙造林、救助低收入家庭的患兒、為貧困地區捐建校舍、在著名大學培養環保及師範類專業人才，等等。不過，老牛基金會的慈善捐款一部分來自抵押蒙牛股票所得的貸款，如果蒙牛股價跌破一定價位，貸款方就會"斬倉"（即拋售抵押股票），把被抵押的股票賤賣還貸。

此時蒙牛股價已接近警戒線，眼看基金會所持有的蒙牛 4.5% 股票可能灰飛煙滅，老牛心急如焚，給朋友們寫了一封題為“中國乳業的罪罰治救”的萬言書，描述他蒙難的痛心。在這個緊急關頭，企業家朋友們迅速伸出了援助之手：柳傳志連夜召開聯想董事會，48 小時之內就將 2 億元借給老牛基金會；俞敏洪和江南春準備了 5000 萬元救急，我們班的班長、中海油董事長傅成玉籌集了 2.5 億元供老牛基金會隨時借取……，這些慷慨的支援，充分顯示了企業家之間、長江同學之間的深情厚誼。

飽受煎熬的老牛在巴黎上課期間曾經預言：十年內我們班將有一半人會有牢獄之災。

十七年的光陰證明，老牛過於悲觀了。從 2006 年到 2023 年，我們班只有兩位同學遭受了鐵窗之苦，其中一位是物美集團的創始人、董事長張文中。

張文中的是一場世紀冤案。文中是一位儒商，他在中國科學院拿到博士學位後又赴美國斯坦福大學進行博士後研究，1993 年回國創業，翌年創辦了連鎖超市物美集團。2003 年物美在香港上市，發展一直順利，2006 年在全國的門店數量超過 500 家，躋身中國零售企業第四名。正在順風順水的發展中，文中突然被一個腐敗案件牽連，先是協助調查，2008 年 10 月以行賄和挪用公款的罪名被判處有期徒刑 12 年。

消息傳開，為文中提出申訴的企業家數以百計，同班的王玉鎖同學甚至在全國政協會議上公開表示，他願用全部財產和身家性命擔保張文中的清白。這種錚錚鐵骨的友情，讓文中感激，也使周圍的同學和朋友肅然起敬。文中雖然身處大牢，仍不忘研究，他在獄中拿了一個科技進步特等獎、兩個一等獎，而且以良好的表現減刑五年，於 2013 年 2 月提前出獄。文中始終堅信自己無罪，上訴的官司一直打到最高人民法院，最後終於贏得法院撤銷原審判決，改判無罪，並返還罰金及追繳的財產。

文中雖然服刑七多年，但寫了一段極其感人的話：“誰也不願意坐牢。但我不會因為自己堅守道德和誠信，因為自己不苟且、不違背做人的底線而後悔。”

這才是企業家的最高境界。

管理的真髓

2006 年夏，我們 CEO 班的同學陸續飛抵巴黎郊區的楓丹白露，在歐洲工商管理學院（INSEAD）的校舍參加歐洲模塊的課程。楓丹白露意為“美麗的泉水”，12 世紀時曾是法國國王狩獵的行宮。到達的那天，學校在綠樹成蔭的花園裏安排了歡迎酒會，讓教授和同學們見面，現場有法國葡萄酒專家介紹如何品鑒葡萄酒。從節奏飛快的中國來到這個空氣清新、樹林環繞的環境，大家突然感到非常放鬆。楓丹白露周圍是古樹參天的森林公園，隨處可見法國皇室留下來的古跡，是一個學習歐洲文化和經商之道的絕佳地點。我每天早上晨練時，經常碰到穿著時髦、喜愛跑步的周成建同學。

周成建自稱“小裁縫”，自幼生長在浙江省青田縣，十幾歲時就創業，經營一家服裝紐扣廠，受挫了跑到溫州成立了一家製衣公司，取名美特斯。他的這家公司生產自創的“邦威”品牌服裝，後來延伸到開設連鎖商店，把兩個名字拼成“美特斯邦威”休閒服裝品牌。

2006 年，長江商學院 CEO 班的同學在楓丹白露

在楓丹白露，我還結識了李東生和他的太太魏雪。東生完成對法國湯普遜全球彩電業務和阿爾卡特手機業務的併購不久，正在為併購後的整合而困擾，也為收購帶來的虧損擔憂，度過了一個無比艱難的階段。東生在魏雪的照顧、陪伴、鼓勵下，以不屈不撓的韌勁克服了重重困難，終於把 TCL 帶回到增長和盈利之路。

另一個勤奮好學、無師自通的同學是來自四川成都的劉漢元。他靠父母賣豬的錢創業，年僅 20 歲就發明了“渠道金屬網箱式流水養魚”技術，被列入國家科委“星火計劃”和農業部“豐收計劃”。兩年後，從來沒有正式學過機械、電工、建築設計和施工的劉漢元，居然邊自學邊動手，設計、施工、安裝了一座年產 5000 噸的飼料工廠。他的一句名言是：“沒有不會做的事，只有不肯學的事。如果生活逼著你不得不學，等你幹過來，你也就變成了內行。”

2004 年，漢元創建的通威股份在上海證券交易所上市，市值約 15 億人民幣。不安於現狀的漢元，和科學家和研究團隊一起琢磨，闖進了一個全新的行業——光伏發電。此後 20 年間，他心無旁騖，堅持只做漁業和光伏，把通威的利潤做到 200 多億，市值一躍衝上 3000 億元。我去成都看他時，聽他講起光伏行業的技術發展和未來趨勢，見解獨到，尤其是他在幾個賺快錢的浪潮中如何頂住誘惑，堅守魚飼料和光伏發電的本業，確實令人佩服。

這些同學管理的大都是家族企業，他們對楓丹白露校園關於家族企業的管理和傳承很感興趣。INSEAD 有一個溫德爾國際家族企業研究中心，專門研究歐洲家族企業的發展歷程，從中找出它們興盛或衰亡的原因，據此編寫家族企業傳承的教學案例。家族企業中心有一位資深的法國老教授，他在一間由 18 世紀皇室行宮改成的教室裏，給我們班的同學詳細解剖他的研究成果。

他的分析表明，歐洲有 1/3 的家族企業能傳承到第二代，其餘衰落的 2/3 是因為第一代企業家決策失誤，且聽不進反對意見。他舉法國皇帝拿破崙做例子：拿破崙姓波拿巴，早先帶兵打仗時總是衝在前面，作戰也願意傾聽部下的意見，被愛戴他的士兵稱作“波拿巴將軍”。那時他打仗所向披靡，但在登基成為皇帝後，他自封為“拿破崙一世”，變得唯我獨尊、剛愎自用，做出了幾個錯誤的決定，最後敗於滑鐵盧。教授認為，從波拿巴將軍到拿破崙一世，他的管理模式產生了變化，獨斷專行，導致落敗。做企業也是一樣，企業家不能因為事業有成，就聽不進團隊的意見；要想基業長青，就應該學習謙虛實在的波拿巴將軍，不要當孤家寡人的拿破崙一世。

教授的這番分析，引起了同學們的共鳴，在這個話題上討論得非常熱烈。發言最積極的是遠東控股集團董事長蔣錫培。這位來自江蘇宜興的“電纜大王”經常用濃重的江蘇口音向教授提問，藉機長篇大論地發表自己的看法，講得比教授還多，得了一個“蔣教授”的外號。他雖然高考落榜沒能上大學，但靠悟性和勤奮創業，把遠東控股集團打造成一個銷售額達 500 億元的集團，躋身中國企業 500 強。

另一位能言善辯的同學是馮侖“馮教授”。他是中國社會科學院的法學博士，在中宣部、國家體改委和海南省改革發展研究所等體制內單位工作過。1991 年，他和五個朋友一起創建了海南萬通，被人稱作“萬通六君子”。馮侖思路敏捷，經常用搞笑的段子來說明人生和商業的道理，是最受同學們歡迎的段子專家，大家吃飯時都搶著和他同桌，聽他金句連連的發言。他語言幽默，暗含人生哲理，比如“偉大是熬出來的”，“爹還是不要太牛的！一旦爹牛了，你肯定就不行了”，“扛住就是本事”等，常常把周圍的人逗得捧腹大笑。

當時擔任中海油董事長的傅成玉是我們班德高望重的班長。他從大慶油田當石油工人起步，靠自己的能力，一路升至中海油、中石化的董事長，成就斐然。在擔任中海油董事長期間，他以 130 億美元的高價發起對美國老牌石油企業優尼科的收購，但最終因競爭對手雪佛龍煽動美國眾議院投票否決而胎死腹中。這起中國企業海外收購的大案轟動了國際市場，老傅也被美國《時代》周刊評為 2005 年 14 位世界最有影響力人物之一。老傅一身正氣，永遠樂觀向上，是我們班的精神領袖。

班裏另一位掌管千億級企業的同學是萬科的董事長郁亮。他從王石手中接手萬科後經歷了房地產行業下行、政府調控、寶能敵意收購等大風大浪，作為內地少數幾家房地產上市企業的董事長，郁亮既要爭取股東財務回報最大化，又要保證公司未來的運營不被資本挾持去走彎路，確實不容易。在那段最緊張的時候，郁亮奔走於深圳市政府、證監會、大股東華潤集團和其他利益相關者之間，經歷了無數個不眠之夜，終於引進深圳地鐵做戰略投資股東，趕走了直逼門口的"野蠻人"，保證了萬科的穩定運營和發展。在外來大鱷爭奪萬科的時候，有一次我和他在深圳單獨吃飯，他提到對方以各種利益誘惑他接受併購計劃，都被他一口拒絕，理由是不屬於他的東西堅決不能接受。郁亮出色的管理能力和不受資本利誘的高風亮節受到業界的一致認可，曾被譽為"最具職業精神的領軍人物、最堅韌不拔的理想主義者"。

郁亮酷愛運動，不僅能跑出低於 3 小時的馬拉松成績，還三次登上珠穆朗瑪峰頂。周邊的一些同學也受他的影響，愛上了馬拉松長跑，其中包括我們班的秘書長鄭俊豪。

俊豪是廣東汕頭人，很早就到北京創業。他的裕富支付有限公司從經營儲值卡起家，後來進入消費卡、信用卡和網上第三方支付業務。俊豪為人熱情、大方，只要有同學和朋友從外地來京，他一定抽時間作陪，好酒好菜在他的秀水東街會所招待大家，因此他的會所成了我們班同學經常聚餐、喝茶、聊天的據點。

我到北京，必去俊豪那裏"報到"，參加他組織的聚會，品嚐他的廚師烹調的潮汕佳餚。我們班同學每年一次的聚會都是他熱心安排，精心佈置場地和準備菜式，讓大家盡歡。俊豪興趣廣泛，跟廣昌學練太極，和郁亮一起跑馬拉松，找名師練習書法，還進修了 DBA（工商管理博士）課程，永遠與時俱進。正因為他的熱心和友情，大家都願意與他合作，老傅和郁亮旗下的中石化加油站和萬科物業就用他的福卡作為支付卡和門禁卡，走進無數個加油站和住宅小區。

企業家精神

2006 年 11 月，首期 CEO 班最後一個模塊在北京大學未名湖畔開講，課題是淺論儒家、道家和佛學，由北大哲學系主任王博等幾位資深教授講課。他們深入淺出地講解孔子、孟子、老子、莊子的著述，從道教和佛教的哲理與文化淵源上探討人文與經濟及企業管理的關係。

商學院傳授國學是個創新，而對國學感觸最深的是新奧集團的董事長王玉鎖。他自認年少時貪玩，學習成績不好，直到高三才明白讀書的重要性，但醒悟過晚，連續三次高考失利，就放棄了大學夢，開始做小生意勉強養活自己。一次他到北京跑生意，住在一間小客棧裏，半夜突然被隔壁的呻吟聲吵醒。過去一問，住客說肚子劇痛，玉鎖趕緊在門口找了一輛平板三輪車，飛也似的把他拉到附近的醫院看病，還幫他付了急診費。醫生診斷是急性闌尾炎，說幸虧及時送來，否則命就沒了。

一年後，玉鎖剛開始做液化煤氣罐生意，發現貨源極其緊張。他到處找貨，一天跨進滄州的一家液化氣批發站大門，突然聽到有人對著他大叫“恩人”，嚇了一跳——原來這家批發站的經理就是被玉鎖救過、死裏逃生的客棧住客。經理自然對玉鎖感恩戴德，當即承諾幫忙採購液化煤氣罐。俗話說，善有善報。玉鎖當年的善行，讓他拿到了奇缺的貨源，逐步把新奧的燃氣生意推向全國，成為“燃氣大王”，公司的年營業收入達一千多億元人民幣。幾十年後，在一次歡迎柳傳志入住玉鎖建造的“大王村”寓所的晚宴上，企業家俱樂部的朋友提起這件善事，仍然對玉鎖充滿了敬意。老柳之所以選擇廊坊大王村作為退休隱居寓所，是因為他酷愛京劇和戲曲，而廊坊建有全國最大的戲劇文化中心。

這個地標式建築叫“絲路文化中心”，設有世界級的藝術館、歌劇院、傳統戲曲戲院等五大特色劇場，以及“只有紅樓夢·戲劇幻城”主題公園和五星級“七修”酒店。這群令人震撼的建築是玉鎖出於對中國文化藝術的熱愛，個人出資 80 億元人民幣為家鄉建造的，耗時八年，穩定運營後全部捐贈給廊坊市。一個年輕時窮困潦倒的小販，白手起家創業，如今不僅掌管一家年利潤近百億元的大型企業，還慷慨出資研發世界上最先進的核裂變技術、為家鄉打造文化地標、給後人留下豐富的文化遺產——這，就是中國企業家的精神！

在中國傳統社會的“士農工商”中，商排在最後。但是，進入現代社會，商業是驅動經濟發展的主要源泉，企業家成為創造社會價值和就業機會的核心動力，真正是“社會的稀缺資源”。

致謝

這本書從 2011 年開始動筆，因為工作繁忙，只能每天早起，趁清晨 4、5 點鐘無人打攪時構思、撰寫、修改。一年之後，在朋友的幫助下，口述初稿完成，但我不太滿意，又推倒重來，自己動筆重寫，直到 2023 年秋最終輟筆定稿。

改來改去，有得有失。13 年過去，文章終於滿意了，但書中提到的一些曾經風雲一時的人物和企業今天已逐漸被人淡忘，當年的熱點也時過境遷，使書的內容和案例不那麼趕趟。在華平，許多同事和舊部都已離開，連我賦予其中文名字的華平網站，對我 20 年的貢獻也隻字不提，只說是來自美國的同事創建了中國業務。儘管如此，我覺得我在投資中得到的經驗、教訓和體會還是值得後來者借鑒的，透過我私募投資 30 年的從業經歷折射的行業發展軌跡也值得記錄下來。在全書付印之際，我要向一路上幫助過我的朋友李明霞、楊哲宇、蕭賓、李國威、潘石屹、張進、王穎、黃英豪、李濟平、周建華、甘凌等一併致謝。

孫強

2024 年春於香港

責任編輯　李　斌
書籍設計　道　轍
書籍排版　何秋雲

書　　名　**一個投資家的成敗自述**
著　　者　孫　強
出　　版　三聯書店（香港）有限公司
香港北角英皇道 499 號北角工業大廈 20 樓
Joint Publishing (H.K.) Co., Ltd.
20/F., North Point Industrial Building,
499 King's Road, North Point, Hong Kong
香港發行　香港聯合書刊物流有限公司
香港新界荃灣德士古道 220-248 號 16 樓
印　　刷　美雅印刷製本有限公司
香港九龍觀塘榮業街 6 號 4 樓 A 室
版　　次　2024 年 4 月香港第 1 版第 1 次印刷
規　　格　特 16 開（145 mm × 210 mm）288 面
國際書號　ISBN 978-962-04-5320-5